Johanna Joppe · Christian Ganowski

Einfach gut entscheiden!

Im Beruf schnell und sicher
Lösungen finden

Mit vielen Fallbeispielen

humboldt

Bibliografische Information der Deutschen Nationalbibliothek
Die Deutsche Nationalbibliothek verzeichnet diese Publikation in der Deutschen Nationalbibliografie; detaillierte bibliografische Daten sind im Internet über http://dnb.ddb.de abrufbar.

ISBN 978-3-86910-756-1

Dieses Buch gibt es auch als E-Book: ISBN 978-3-86910-928-2

Die Autoren: Johanna Joppe und Christian Ganowski leiten eine renommierte Managementberatungsfirma. Sie haben bereits zahlreiche Wirtschaftsratgeber geschrieben.

Originalausgabe

Ein Imprint der Schlüterschen Verlagsgesellschaft mbH & Co. KG,
Hans-Böckler-Allee 7, 30173 Hannover
www.schluetersche.de
www.humboldt.de

Covergestaltung: DSP Zeitgeist GmbH, Ettlingen
Innengestaltung: akuSatz Andrea Kunkel, Stuttgart
Titelfoto: LaCatrina / Fotolia
Satz: PER Medien+Marketing GmbH, Braunschweig
Druck: freiburger graphische betriebe, Freiburg i. Br.

Hergestellt in Deutschland.
Gedruckt auf Papier aus nachhaltiger Forstwirtschaft.

Inhalt

Entscheidend besser

Haben Sie schon den Lotto-Jackpot gewonnen? Arbeiten Sie in Ihrem Traumjob? Haben Sie Ihren Märchenprinzen geheiratet, Ihre Traumfrau getroffen? Sind Sie glücklich? Wenn nicht – warum nicht?

Wir erklären uns unseren Erfolg im Leben gerne mit Kompetenz, Intelligenz, Beziehungen, Erfahrung. Das sind gute Erklärungen. Die bessere Erklärung liefert die Lotto-Analogie: Wer noch nicht den Jackpot geknackt hat, hat offensichtlich noch nicht die richtigen Zahlen getippt.

Erfolg ist eine Frage der (richtigen) Entscheidung.

Die Entscheidung ist die Mutter allen Erfolgs. Warum gilt König Salomon als weise? Weil er im Gerichtssaal mit beneidenswerter Umsichtigkeit entschied. Warum ist Warren Buffett der reichste Mann der Welt? Weil er sich für die richtigen Aktien entscheidet. Warum ist Heidi Klum glücklich? Weil sie (zumindest für den Moment) den richtigen Partner gewählt hat. Wir **leben** so, wie wir **entscheiden**. Das wissen viele Menschen nicht. Dass Sie es ganz offensichtlich erkannt haben (sonst hielten Sie nicht dieses Buch in Händen), zeichnet Sie aus und verschafft Ihnen bereits einen Vorsprung vor jenen, die immer noch entscheiden, ohne so recht zu wissen, wie man das eigentlich macht.

Warum entscheiden die meisten Menschen so erstaunlich schlecht? So schlecht, dass sie ständig „auf den falschen

Mann/die falsche Frau" hereinfallen, die falschen Jobs wählen, die falschen Firmen und die falschen Aktien kaufen?
Die Antwort ist herzlich einfach: weil wir es nie gelernt haben. Wir lernen Rechnen, Schreiben, Fremdsprachen – doch nirgends lernen wir das Entscheiden. Dabei ist Entscheidungsfindung eine Betätigung wie Kuchenbacken oder Integralrechnen auch: Es funktioniert besser, wenn man es gelernt hat.
Sobald Sie besser entscheiden (können), werden Sie nicht nur erfreut bemerken, dass Sie auch tatsächlich besser entscheiden. Sie werden auch erleben, dass Sie entscheidend besser mit Ihrem Chef, mit Kollegen, Mitarbeitern, Kunden, Familienangehörigen und anderen Menschen zurechtkommen – und auch mit sich selbst. Das ist normal: Das Leben ist eine ununterbrochene Kette von kleinen und großen Entscheidungen. Wer besser entscheidet, lebt besser.
Auf diesem Weg zu besseren, zu optimalen, zu für Sie einzig richtigen Entscheidungen möchten wir Sie begleiten.
Dass Sie künftig immer richtigliegen, wünschen Ihnen
Johanna Joppe und Christian Ganowski.

Die Regeln des Erfolgs

Denken Sie an einige Ihrer Entscheidungen. Wann lagen Sie so richtig schön daneben? Freuen Sie sich: Fehlentscheidungen sind Schlüssel zum Erfolg!

Analysieren Sie Ihre Fehlentscheidungen
Schieben Sie den Ärger darüber einmal beiseite und konzentrieren Sie sich auf die Stimme im Hinterkopf, die sagt: „Das hätte ich mir eigentlich denken können." Doch was genau?

Ist es nicht ärgerlich, dass wir es hinterher meist besser wissen? Einerseits schon, andererseits kann es aber enorm hilfreich sein: Wenn Sie bestimmen können, was Sie beim Entscheiden oft falsch machen, legen Sie einen entscheidenden Schritt zu deutlich besseren Entscheidungen zurück.

Wie tippen Sie daneben?
Nehmen Sie ein Blatt Papier, Ihr Notebook oder kritzeln Sie auf diese Seite. Seien Sie ruhig negativ. Denken Sie an Fehlentscheidungen der Vergangenheit und ergänzen Sie wechselweise folgende Sätze mit allem, was Ihnen einfällt: Damals habe ich einfach zu ... entschieden. Ich sollte bei Entscheidungen einfach nicht ... Warum entscheide ich immer so ...?

Wenn wir mit Menschen über ihre Fehlentscheidungen reden, kann jede(r) meist genau sagen, was seine/ihre persönlichen Entscheidungsschwächen sind:

- „Ich lege mich viel zu schnell fest."
- „Ich höre auf alle, bloß nicht auf meinen Verstand."
- „Warum trabe ich so oft hinter der Masse her?"

Die versteckten Muster hinter unseren Fehlentscheidungen zu entdecken, ist meist eine spürbare Erleichterung. Denn damit entdecken wir gleichzeitig, warum wir manchmal so schrecklich unvernünftig entscheiden.

Die Macht des Bewusstseins
Wer unbewusste Entscheidungsmuster aufdeckt, kann endlich „vernünftig" entscheiden.

Leni versucht das. Sie hat ihr Fehlermuster erkannt und sagt sich nun: „Leg dich doch nicht immer so schnell fest!" Bringt das etwas? Nein. Denn erstens nützt es nichts, wenn man sich selbst beschimpft oder unter Druck setzt. Und zweitens hat es keinen Sinn, sich selbst zu sagen, was man **nicht** tun soll. Denn so weiß man immer noch nicht, **was** man tun soll.

Bekämpfen Sie Ihre „Macken" nicht!
Das ermüdet nur und hilft nicht weiter. Außerdem ist es unnötig. Es reicht, wenn Sie ihnen Tugenden gegenüberstellen.

Leni legt sich zu schnell fest. Sie versucht nicht, sich diese Schwäche abzugewöhnen. Sie stellt ihr lediglich eine Tugend gegenüber: „Es ist okay, wenn ich mich spontan auf eine Option festlege. Aber bevor ich mich wirklich dafür entscheide, stelle ich eine Pro-und-Contra-Liste auf mit jeweils mindestens fünf Punkten. Damit überprüfe ich meine Spontanfestlegung noch einmal, bevor ich meine Entscheidung tatsächlich umsetze."
Leni hat sich selbst eine sogenannte Entscheidungsregel gegeben. Solche Regeln helfen am besten, dem Reiz der Unvernunft zu widerstehen.

Der Reiz der Unvernunft

Claudia hat das Elektroinstallationsgeschäft von ihrem Vater geerbt. Zwar hat das Handwerk schon lange keinen goldenen Boden mehr, doch Claudia konnte etwas zur Seite legen. Eines Tages ruft ihre Bank an, damit sie ihren Notgroschen „renditestark" anlegt. Claudia lässt sich von Werner beraten, mit dem sie zusammen die Schulbank drückte und der jetzt Chef in ihrer Bankfiliale ist. Er rät ihr zu einem Multimedia-Fonds. Zwei Jahre später platzt die Internetblase und Claudias Geld ist futsch. Sie nimmt sich vor: „Ich lege nie wieder so riskant an." Vier Jahre später verliert sie 10.000 Euro (viel Geld für sie) mit einer Anleihe, die eigentlich ein Zertifikat war, was sie aber nicht durchschaute (und was ihr die Bank verschwieg).

„Die Vernunft spricht leise, deshalb wird sie so oft nicht gehört."
Pandit Nehru

Im Coaching muss Claudia erst einmal getröstet werden: Sie ist nicht „völlig bescheuert", wie sie selbst meint. So wie ihr geht es den meisten: Wir erliegen ständig dem Reiz der Unvernunft. Wir treffen ständig Entscheidungen, die wir hinterher bereuen. Wir werden eben nicht aus Fehlern klug (das ist Wunschdenken). Vielmehr wiederholen wir sie, denn viele Fehler sind keine Fehler, sondern unbewusste und falsche Entscheidungsregeln. Claudias falsche Entscheidungsgewohnheiten lauteten:

- „Ich verstehe nichts von Geld, dafür aber mein Bankberater."
- „Leuten, die ich kenne, kann ich vertrauen."
- „Ich muss nicht alles verstehen."
- „Mehr Rendite ist besser."

Diese Entscheidungsregeln erkennt Claudia als falsch, und immerhin haben sie sie insgesamt 25.000 Euro gekostet. Nach der zweiten Pleite endlich wird Claudia klug. Klug genug, um den falschen Entscheidungsregeln neue gegenüberzusetzen:

- „Ich lege nur noch in Anlagen an, die ich verstehe."
- „Beim Geld hört die Freundschaft auf."
- „Ich will nicht mit hohen Renditen mein Geld vermehren, ich will es mit Sicherheit behalten."

Diese Entscheidungsregeln schreibt Claudia auf ein Blatt Papier, das sie zuoberst in ihren Ordner für Bankangelegenheiten heftet. Finanzentscheidungen trifft sie nur noch aufgrund dieser individuellen Regeln. Aber Achtung: Bitte übernehmen Sie sie nicht – Entscheidungsregeln sind individuell unterschiedlich. Erarbeiten Sie Ihre eigenen Regeln:

Was sind Ihre neuen Regeln?
Stellen Sie für jedes Ihrer „klassischen" Fehlentscheidungsmuster (siehe oben) eigene Regeln auf, und zwar so einfache wie möglich. Und mit möglichst viel Gefühl aufgeladen. Nehmen Sie sich vor: „Entscheidungen nur noch mit diesen Regeln!"

Deshalb sagt man auch, dass Erfolg planbar sei: Wer sich an die richtigen Entscheidungsregeln hält, trifft automatisch die richtigen Entscheidungen. In der Bank dagegen verzweifelt Werner inzwischen fast: Egal, welche Schiffsfonds und Biogas-Anleihen er Claudia auch vorschlägt, sie lässt

sich nicht mehr einfach so überzeugen. Seit ihrer Regelaufstellung traf sie keine finanzielle Fehlentscheidung mehr. Sie hält sich an ihre neuen Regeln.
Halten Sie sich an Ihre eigenen Regeln? Nein? Das ist normal.

Nach neuen Regeln spielen

Wahrscheinlich wissen Sie ganz genau, warum Sie sich oft falsch und unvernünftig entscheiden. Genauso sicher ist Ihnen klar, wie Sie es besser machen könnten. Sie tun es bloß oft genug nicht – warum? „Weil sich das einfach nicht richtig anfühlt“, ist die häufigste Antwort. Seltsamerweise fühlt sich die blanke Unvernunft im Moment der (Fehl-)Entscheidung besser an als die vernünftige Entscheidung.
Jeder Raucher weiß zum Beispiel, dass Rauchen ungesund ist – auch und gerade in dem Augenblick, in dem er sich eine Zigarette ansteckt. Aber es fühlt sich eben so gut an! Viele Manager sagen uns auch: „Ich bin nun mal ein Kopfmensch. Ich weiß, dass ich auch auf meine Gefühle hören sollte. Aber das ist doch irgendwie nicht richtig! Entscheidungen müssen doch auf Fakten und Daten beruhen!“
Erstaunlich: Die richtigen Entscheidungsregeln fühlen sich oft „falsch“ an. Was tun?
Lassen Sie uns dazu ein kleines Experiment machen: Bitte verschränken Sie jetzt die Arme vor der Brust. Und wieder öffnen und rechts und links am Körper auspendeln lassen.

Und bitte noch einmal verschränken. Öffnen. Und noch einmal verschränken. Welcher Arm lag jedes Mal oben? Immer derselbe. Warum? Weil sich das richtig anfühlt. Und nun legen Sie einmal ganz bewusst den anderen Arm nach oben. Wie fühlt sich das an? „Falsch"? Sie wollen uns doch nicht ernsthaft davon überzeugen, dass es einen Unterschied macht, welcher Arm oben liegt?

Jeder kann lernen, richtig zu entscheiden.

Legen Sie einfach nochmals den „falschen" Arm nach oben. Und nochmals. Und nochmals. Verrückt, nicht? Das „falsche" Gefühl nimmt immer mehr ab. Verschränken Sie nochmals die Arme. Hoppla! Haben Sie es bemerkt? Sie waren kurz verunsichert: Die alte Regel wirkt nicht mehr automatisch, die neue „stört" jetzt. Sie haben eben am eigenen Leib erfahren, wie Ihr Gehirn neue Entscheidungsregeln implementiert (mehr über diesen hochinteressanten Vorgang in Kapitel 3).

Neue Regeln fühlen sich zuerst oft „falsch" an

Das heißt nicht, dass sie falsch *sind*, sondern lediglich *ungewohnt*. Geben Sie ihnen eine Chance, und wiederholen Sie sie vier-, fünfmal. Das „falsche" Gefühl verschwindet mit jeder Wiederholung mehr.

Seltsam, dass sich auch und gerade das Richtige zuerst „falsch" anfühlt. Jeder Ex-Raucher weiß das: Auch die

Rauchabstinenz fühlte sich an den ersten Tagen geradezu schmerzhaft „falsch" an. Trotzdem ist Nichtrauchen richtig. Unser Entscheidungsverhalten ist von Gewohnheiten geprägt. Wer richtig entscheiden (lernen) will, muss aus schlechten Gewohnheiten gute machen können (ausführlich behandelt in den Kapiteln 2 und 3). Zu den wichtigsten guten Gewohnheiten bei Entscheidungen zählt, auf Ihre Intuition zu hören.

Auf die innere Stimme hören

Wir fragten einige unserer Bekannten, die geschieden sind, wie überraschend ihre Scheidung für sie gekommen sei. Was schätzen Sie, wie viele der Betroffenen bereits beim ersten Rendezvous ahnten, dass er/sie nicht der/die Richtige ist?

Die Intuition liegt meist richtig. Wir hören bloß so selten auf sie.

Die verblüffende Antwort lautet: 100 Prozent. Diese Zahl wird von der wissenschaftlichen Empirie gestützt. Typisch ist die Meinung von Gerd, der sagte: „Schon beim ersten Treffen hatte ich so ein komisches Gefühl, dass mir ihre hektische Art doch sehr gegen den Strich geht. Aber sie war so charmant, so attraktiv, verstand meine Arbeit so gut. Ich dachte, das gibt sich." Hat es nicht. Gerd traf eine eklatante Fehlentscheidung, die ihn zehn Jahre seines Lebens und ein schönes Stück seines Vermögens kostete, weil seine implizite Entscheidungsregel lautet: „Hinterkopf, hör auf zu meckern, das wird schon alles!"

Wenn Sie nur einen Tipp aus diesem Buch mitnehmen ...
... dann diesen: Hören Sie auf die Stimme in Ihrem Hinterkopf!

Aber bitte beachten Sie: Die richtige Entscheidungsregel lautet eben gerade nicht: „Entscheiden Sie nur das, was Ihre Stimme im Hinterkopf Ihnen rät!" Denn das führt genauso zu Fehlentscheidungen wie das Missachten der eigenen Intuition.

Die richtige Entscheidungsregel lautet: Ich folge den Hinweisen, die mir meine innere Stimme gibt.

Gerd sagt heute: „Wenn ich auf meine innere Stimme gehört hätte, hätte ich meine Partnerin damals nicht sofort sausen lassen. Ich hätte das Thema ihr gegenüber angesprochen. Sie ist vernünftig. Wir hätten sicherlich Wege gefunden, unsere unterschiedlichen Temperamente unter einen Hut zu bringen. Aber weil ich meine innere Stimme unterdrückte, haben wir beide das Thema so lange unter den Teppich gekehrt, bis der Teppich förmlich explodierte."

Schluss mit der Zauderei!

Es gibt eine Menge schlechter Entscheidungsgewohnheiten. Thomas zum Beispiel ist Manager und trifft 20 Entscheidungen die Stunde. „Acht davon sind nicht wirklich optimal!“, gibt er zu – in der diskreten Atmosphäre des Coachings. Warum? Thomas ist seiner Fehlentscheidungsgewohnheit auf die Schliche gekommen: „Eben weil ich ständig unter Zeitdruck stehe, entscheide ich schnell. Manchmal zu schnell.“ Also gibt er sich die Gegenregel: „Ich entscheide nur noch nach mindestens einer Minute Denkpause!“ Das reicht schon, um ihn aus der Schnellschuss-Fehlerschleife herauszuholen. Manchmal denkt er eine Minute nach und entscheidet dann. Manchmal entschließt er sich nach der einen Minute, dass er noch mehr Zeit braucht, um richtig zu entscheiden … Sie haben eher das gegenteilige Entscheidungsproblem? Sie analysieren manche Entscheidung zu Tode?

„Paralysis thru analysis“: Entscheidungen zu Tode analysieren.

Auch dafür gibt es Gegenregeln. In der Praxis am besten funktioniert die Zielstrich-Regel: „Bis spätestens am … werde ich diese Entscheidung treffen.“ Selbst wenn Sie dieses selbst gesetzte Datum nicht einhalten: Sie werden die Entscheidung letztendlich schneller treffen als ohne Torschlussregel. Es ist sehr wahrscheinlich, dass Sie ganz unbewusst auch einer Entscheidungsregel folgen, die Ihnen sagt, wie stark Sie eine Entscheidung recherchieren und analysieren müssen.

Ein Beispiel: Bevor Theo ein Auto kauft, besorgt er sich Prospekte von zwei, drei infrage kommenden Typen – für drei bis vier Hersteller. „Nur gut informiert trifft man die richtigen Entscheidungen“, findet Theo. Seine Frau Lisa hingegen meint: „Bei diesem Papierberg blickt doch kein Schwein mehr durch.“

Theo folgt der (falschen) Entscheidungsregel: „Je mehr Information, desto besser.“ Lisa folgt der (ebenfalls falschen) Regel: „Je weniger Information, desto besser.“

Nicht zu viel und nicht zu wenig!
Entscheidungen, die zu wenig recherchiert und analysiert werden, sind genauso schlecht wie Entscheidungen mit zu viel Daten und Analyse.

Wie viele Fakten sind für eine sichere Entscheidung nötig beziehungsweise ausreichend? Das merken Sie der Entscheidung an: Solange die eintreffenden Daten und Analyseerkenntnisse noch Ihre Entscheidung verändern, nützen sie. Sobald ein, zwei neue Informationen nichts mehr an der Entscheidungslage ändern, sollten Sie mit Recherche und Analyse aufhören und mit dem eigentlichen Entscheiden beginnen, sonst beginnen Sie, sich im Kreis zu drehen. Die richtige Entscheidungsregel lautet also: „So viel Recherche/Analyse wie nötig, aber so wenig wie möglich.“ Doch warum halten sich so wenige an diese Regel? Weil sie wie nach der Stecknadel im Heuhaufen nach jener Information suchen, die ihnen wie ein Fingerzeig Gottes die richtige Entscheidung weist.

Übertriebene Recherche/Analyse kann weder gesundes Selbstvertrauen noch die nötige Entscheidungsfreude ersetzen.

Das können Sie uns glauben: Die „alles entscheidende" Information gibt es nicht. Für keine Entscheidung der Welt. Und das wissen die meisten auch. Trotzdem gibt es Leute, die recherchieren und analysieren sich zu Tode. Warum? Weil sie Angst haben. Angst vor der Fehlentscheidung, vor den Konsequenzen, vor Misserfolg, mit einem Wort: Versagensangst. Ihre Entscheidungsregel lautet: „Ich treffe jene Entscheidung, bei der ich am wenigsten Angst habe." Eine unsinnige und gefährliche Regel.

Angst ist ein schlechter Ratgeber

Warum haben so viele Banker in der letzten Finanzkrise so viele schlechte Kredite gekauft? Natürlich aus Gier. Warum legten in der Krise so viele Menschen Goldbarren in den Wäschekorb? Aus Angst.

Bezeichnenderweise werden selbst bis hinauf ins Topmanagement viele Entscheidungen rein emotional getroffen, auf Gier oder Angst basierend.

Emotionale Intelligenz bei Entscheidungen

Die falsche Entscheidungsregel lautet: „Wobei ich am stärksten empfinde, dafür entscheide ich mich." Die richtige lautet: „Je stärker mein Bauch (Angst, Gier) bei einer Entscheidungsoption anschlägt, desto stärker muss ich dieses berechtigte Bauchgefühl mit rationalen Überlegungen kultivieren."

Sven ist 49 und Abteilungsleiter. Sein Konzern bietet ihm den Posten eines Länderchefs in Osteuropa an. Er sagt: „Wäre natürlich eine extrem gute Position. Aber der Osten! Die politische Unsicherheit dort. Und ob meine Frau da mitmacht?“ Wie wird sich Sven entscheiden? Wohl eher gegen die Beförderung – weil er schlicht Angst hat. Das ist rational. Irrational ist, diese Angst zur alleinigen Entscheidungsgrundlage zu machen.

Gefühle sind gut. Sie sind wertvolle Entscheidungshilfen, sofern Sie sie rational kultivieren.

Was machen die meisten Menschen stattdessen? Sie kultivieren ihre Emotionen nicht. Sie bekämpfen sie. Wie Sven. Der sagt sich: „Nun sei doch kein solcher Angsthase!“ Sooft er sich das auch sagt: Die Angst kommt immer wieder. Eben weil er ein Angsthase ist? Nein. Der Grund ist ein anderer: Kampf ist Krampf. Für die Innenwelt gilt: Was man bekämpft, wird stärker.

Gefühle nicht bekämpfen, sondern ernst nehmen.

Nur was man annimmt, kann man ändern. Sven nimmt seine Angst ernst. Er fragt sich: „Angenommen, ich packe den neuen Job im Ausland wirklich nicht – was dann?“ Nach einigem Überlegen findet er die Antwort: „Zwei Jahre halte ich auf jeden Fall durch. Und danach nimmt mich jede Firma in unserer Branche mit Handkuss: ein Abteilungsleiter mit Auslandserfahrung! Ich finde immer etwas.“ So werden Emotionen rational kultiviert.

Sind Sie ein Rambo? Oder ein Lemming?

Renate ist Bereichsleiterin. Als Vorgesetzte meint sie, allein entscheiden zu müssen (deshalb nennen sie ihre Mitarbeiter liebevoll „Rambo"). Wenn mal wieder etwas schiefgelaufen ist, äußern ihre besten Mitarbeiter oft unverblümt: „Das hätte ich Ihnen schon vorher schon sagen können." Das Schlimme daran: Sie haben oft genug recht. Renates Entscheidungsregel lautet: „Ich bin die Vorgesetzte, also muss ich auch (allein) entscheiden." Das stimmt – ist aber zu ungenau. Die richtige Regel lautet:

Entscheiden müssen Sie schon allein!
Doch *vor* der Entscheidung sollten Sie „Berater" hören.

Am besten ist ein sogenanntes Panel (in je nach Entscheidung wechselnder Besetzung): vier bis sechs Menschen, die Sie zu Ihrer inoffiziellen Beratergruppe machen und vor Entscheidungen informell konsultieren. Renate sagt inzwischen: „Ich habe mir eine Gruppe aus Kritikern und Enthusiasten, Praktikern und Theoretikern, aus Technikern und Kaufleuten zusammengestellt. Mit jedem rede ich vor wichtigen Entscheidungen ein paar Minuten. Aber die eigentliche Entscheidung fällen – das mache immer noch ich!"

Nicht nur Jasager ins Panel! Auch Kritiker, Theoretiker, Praktiker, Kunden, Lieferanten, ...

Viele, vor allem im Management, leiden unter der entgegengesetzten Entscheidungspathologie, dem Lemming-Syndrom und irren lieber mit der Masse, als alleine recht zu behalten. Die letzte Finanzkrise ist ein Beispiel dafür: Viele misstrauten den faulen Krediten, dachten sich aber: „Wenn alle kaufen, dann muss ja was dran sein." Eine typisch unvernünftige Entscheidungsregel. Die Banken gingen wie die Lemminge über die Klippe (was übrigens eine Beleidigung für Lemminge ist, denn deren massenhafter Klippensturz ist ein unfundierter Mythos).

Machen Sie niemals, was die Masse macht, nur weil die Masse es macht!
Analysieren Sie die Gründe, weshalb die Masse sich so verhält, wie sie sich verhält. Sind es gute Gründe, machen Sie mit. Sind es schlechte, treffen Sie Ihre eigene Entscheidung.

Nur weil viele eine Idee gut finden, heißt das noch lange nicht, dass sie wirklich gut ist. Sonst müssten wir alle Fäkalien essen: 500 Milliarden Fliegen können nicht irren ... Warren Buffett hat nie mit der Masse entschieden – und wurde damit der reichste Mann der Welt. Aber fühlt es sich nicht total einsam an, im Sinne des Wortes „einsame" Entscheidungen zu treffen? Nein.

Hinter der Masse herzulaufen kann niemals Ersatz für den eigenen Verstand sein! Die Masse ist nicht klüger. Sie ist einfach nur zahlreicher.

Virgin-Chef Richard Branson, ein anderer Querdenker und Erfolgsmensch, sagte einmal: „Wenn ich nach reiflicher Überlegung zur Überzeugung komme, dass die Masse sich irrt, dann macht mich das eher sicher als unsicher."

Sei dein eigener Experte!

Haben Sie Aktien, wenn ja: warum? Weil Aktien im Langfristvergleich immer noch die rentabelste Anlage sind. Sagt wer? Die Experten! Silke hält dagegen: „Ich habe mit der Internetblase und der Immobilienblase so viel Geld verloren – das hole ich nie mehr rein!" Wer hat recht? Die Experten oder Silke?
Silkes Mutter meint: „Silke hat recht. Ich glaube keinem Banker, Politiker, Manager, Arzt, Rechtsanwalt, Verkäufer oder Steuerberater mehr! Das sind doch alles Halunken. Die wollen alle nur mein Geld!" Ist das die bessere Entscheidungsregel? Nein.

Glauben Sie keinen Experten!
Aber misstrauen Sie ihnen auch nicht pauschal.

Wer Experten blind **ver**traut, leidet unter Professionalitätsgläubigkeit, wie die Psychologen das nennen (ebenfalls Experten). Wer ihnen blind **miss**traut, leidet unter Paranoia. Die Wahrheit liegt – wie immer – in der Mitte:

Prüfen Sie jedes Argument!
Gerade wenn es von „Experten“ kommt. Ist es nachvollziehbar und nicht mit anderen Quellen zu erschüttern, können Sie es übernehmen. Sonst nicht.

Daraus ergibt sich übrigens eine weitere nützliche Entscheidungsregel:

Entscheiden Sie sich nie für etwas, was Sie nicht verstehen!
Jeder Punkt, den Sie nicht verstehen, birgt Risiken, die Sie nicht steuern können.

Entscheiden Sie sich erst, wenn „alles klar“ ist. Mit dieser Regel ist Warren Buffett übrigens nach eigenem Bekunden der reichste Mann der Welt geworden. Er verlor in der letzten Finanzkrise kein Geld, weil er die schlechten Wertpapiere nicht gekauft hatte, da er sie schlicht nicht verstanden hatte. Statt sich einzureden: „Die Experten werden schon recht haben“, dachte er: „Was ich nicht verstehe, dafür entscheide ich mich nicht.“ Es hat ihm sehr genützt.

Die häufigste Fehlentscheidung der Welt

„Schatz“, sagt Evi. „Du solltest jetzt aber wirklich mal die Rosenhecke schneiden.“ „Jaja“, grantelt Peter. „Spar dir die Litanei. Ich weiß, was du sagen willst: Ich nehme mir nie Zeit für solche Arbeiten, ich kümmere mich nicht um die Kinder, und ich lasse dich mit der ganzen Gartenarbeit alleine …“ Evi schaut ihn schockiert an. Was war das eben? Der Beginn eines schönen Beziehungsstreits? So würden es die Paartherapeuten ausdrücken. Wir würden sagen: die häufigste Fehlentscheidung der Welt. Die Experten nennen sie auch Fehlattribution oder Zuschreibung. Sie beruht ebenfalls auf einer falschen Regel:

Treffen Sie niemals dieselbe Entscheidung wie immer, bloß weil etwas so aussieht wie immer.
Jede Entscheidung hat eine Einzelfallprüfung verdient und nötig.

Hätte Peter auch nur kurz nachgefragt, wäre ihm schnell klar geworden, dass Evi dieses Mal nicht die übliche Gardinenpredigt halten, sondern wirklich nur auf die Rosenhecke aufmerksam machen wollte. Deshalb haben sich erfahrene Entscheider selbst die Regel gegeben, sogar ganz offensichtliche Routineangelegenheiten vor einer Entscheidung zwei, drei Fragen zu unterziehen, um sicher zu gehen, dass es tatsächlich dieselbe alte Entscheidung ist, die getroffen werden muss.

**Wer seine Entscheidungsmuster (er)kennt,
trifft die besseren Entscheidungen.**
Das wussten schon die alten Griechen. Nicht umsonst stand an dem Apollontempel in Delphi: „Erkenne dich selbst" – und damit deine falschen Entscheidungsregeln. Fügen wir als Schlussfolgerung hinzu: „Und gib dir die richtigen!"

Wie entfesselt entscheiden

Wie kommen Sie voran? Idealerweise haben Sie beim Lesen des ersten Kapitels gezielt oder nebenbei destruktive Entscheidungsregeln durch konstruktive ersetzt. Wie gut „funktionieren" Ihre neuen Regeln?

Die Antwort darauf ist in Seminaren und Coachings immer dieselbe: „Einige Regeln funktionieren super, andere gar nicht. Was mache ich falsch?" Nichts.

Destruktive Lebens-Skripte fesseln unsere Entscheidungen.

Es liegt nicht an Ihren Regeln. Es liegt an unsichtbaren Entscheidungsfesseln. Die moderne Hirnforschung kann diese „Fesseln" mithilfe der Magnetresonanztomografie (MRT) sogar sichtbar machen: Stellt man Menschen während eines MRT-Verfahrens Entscheidungsaufgaben, zeigen die Computerbilder, dass wir eben nicht mit unserem Verstand entscheiden. Das Großhirn, in dem grob gesprochen unser Verstand sitzt, kommt bei Entscheidungen erst an zweiter Stelle ins Spiel. Zunächst wird das Zwischenhirn aktiviert, in dem sich unsere Gefühlszentrale befindet. Vereinfacht ausgedrückt: Wir entscheiden nicht mit unserem Verstand, ja, wir entscheiden überhaupt nicht (selbst). Vielmehr entscheidet unser Unbewusstes für uns, und der bewusste Verstand wird „nur

Die bewusste Entscheidung ist immer die bessere.

noch" gebraucht, um hinterher die bereits getroffenen Entscheidungen zu „rationalisieren", also (schein)rational zu erklären. Bitte verfallen Sie jetzt nicht in Depression: So funktioniert der Entscheidungsprozess, wenn er unbewusst abläuft. Um genau das zu ändern, soll es aber im Folgenden gehen.

Was die moderne Hirnforschung per MRT wissenschaftlich nachwies, ist dem Mann auf der Straße schon lange bekannt. Nehmen wir Harald, der sich eben zum dritten Mal scheiden ließ – zum dritten Mal von einer attraktiven Vorzeigeblondine und zum dritten Mal wegen „unüberbrückbarer Differenzen". Harald versteht das nicht: „Aber ihre extravertierte und lebhafte Art hat mir doch so gut gefallen!"

Die unbewusste Entscheidung fällt vor der bewussten.

Seine Freunde sehen Haralds skript-basierte Entscheidungsfessel, die er selbst nicht sehen kann, weil sie hinter seinem sogenannten „blinden Fleck" liegt: „Er fällt halt immer wieder auf denselben Typ herein: blond, langbeinig und auf Dauer viel zu anstrengend für den armen Harald. Aber er merkt das immer viel zu spät, weil er sich seine Entscheidung schönredet." Dazu ist Haralds Verstand gut: Er versucht, eine falsche Entscheidung zu begründen („extravertiert und lebhaft"), die sein Bauch längst für ihn getroffen hat. Das nennt man auch Scheinrationalisierung oder Ex-post-Rationalisierung. Harald trifft keine Entscheidungen, sondern die Entscheidungen treffen Harald. Und

spätestens nach sieben Jahren trifft ihn dann wieder das Urteil des Scheidungsrichters.
Die Psychologen sagen: Harald folgt einem Skript. Einem Drehbuch, an das er sich sklavisch (da unbewusst) hält und in dem (aus welchen Gründen auch immer) steht: „Du musst blonde Models heiraten!" Dieses Skript ist auch eine Art Entscheidungsregel (s. Kapitel 1). Genau genommen ist es die Mutter aller Entscheidungsregeln: Während Entscheidungsregeln lediglich Entscheidungen steuern, steuern Skripte unser ganzes Leben, einschließlich Entscheidungen, Vorlieben, Motivation, Zufriedenheit, Glück, Beziehungsleben, … Was wir in diesem Kapitel diskutieren, ist also gut fünf Nummern größer als die Problematik der (falschen) Entscheidungsregeln in Kapitel 1.

Nicht „Tipps & Tricks" machen Entscheidungen besser. Das Lösen von Entscheidungsfesseln führt zu besseren Entscheidungen.

Jeder von uns leidet unter (mehreren) tief sitzenden Entscheidungsfesseln. Betrachten wir die häufigsten.

Die häufigsten Entscheidungsfesseln

Sergej ist spät dran. Er hat seinem Chef bis spätestens 15 Uhr einen extrem wichtigen Bericht versprochen. Viertel nach drei sitzt er immer noch am PC, als sein Chef hereinstürmt und zu toben anfängt. Das unschöne Wort „Abmahnung" fällt. Als der schimpfende Chef wieder draußen ist, fragt

Kollegin Vera ihn: „Spinnst du? Du hattest den Bericht doch schon so gut wie fertig! Warum hast du ihn nicht rechtzeitig abgegeben?“ Sergej sagt kleinlaut: „Aber so konnte ich ihn doch nicht abgeben! Die Überschriften waren viel zu klein und irgendwie sehen die Kuchendiagramme farbig doch besser aus.“ Vera ist entgeistert: „Wegen ein paar Formatierungen riskierst du eine Abmahnung? Bist du ein solcher Idiot?“ Nein, Sergej ist kein Idiot, sondern Perfektionist.

Erkennen Sie Ihre Fesseln
Es ist leicht, die Fesseln, die Ihnen in diesem Kapitel begegnen, zu leugnen. Besser wäre, sich ehrlich zu fragen: Inwieweit werde auch ich von dieser Fessel eingeschränkt?

Die richtige Entscheidung wäre gewesen, den Bericht um spätestens drei Uhr abzugeben – mit allen Formatierungsschwächen. Sergej sieht das auch ein: „Ich weiß doch auch, dass ich es manchmal übertreibe mit meinem Perfektionismus.“

Wer perfekt entscheiden möchte, kann nicht richtig entscheiden.

Sergej kann die richtige Entscheidung nicht treffen, auch wenn er es gerne möchte, denn: „Ich kann einfach nicht aus meiner Haut! Ich bin nun mal ein verdammter Perfektionist!“ Sergej findet das schrecklich, doch im Grunde ist es gut: Nur wer seine Entscheidungsfessel erkennt, kann sie überwinden. Wer dagegen Haare spaltet und das munter scheinrationalisiert („Aber was man macht, muss doch richtig gemacht werden!“), wird weiter Fehlentscheidungen treffen.

(Wie sehr) sind Sie Perfektionist?
Wann entscheiden Sie sich für mehr als nötig ist, als sinnvoll ist, als erwartet wird oder als angesichts Ihrer Zeit und anderer Ressourcen vertretbar ist?

Vera zuckt mit den Schultern: Sie kann Sergej keine Vorwürfe machen. Sie leidet selbst unter einer gravierenden Entscheidungsfessel, der Altruismus-Falle. Sie arbeitet im Kundenkontakt und hat Ärger mit ihrem Chef, weil sie aus jedem nichtigen Anlass heraus Kunden Rabatte, Kulanz und Nachlässe gewährt. Auch übernimmt sie für Kollegen, die einfach nur zu faul dafür sind, ungefragt Zusatzaufgaben: Sie räumt als Einzige für alle das Geschirr in der Kaffeeküche auf, gießt die Blumen im Sitzungsraum, … Ihr Standardargument – erraten Sie's? – ist: „Aber das kann ich doch keinem zumuten! Dass muss ich respektive die Firma übernehmen.“ Vera ist total überarbeitet und erreicht ihre Leistungsziele nicht. Trotzdem entscheidet sie regelmäßig falsch, wenn es darum geht, Aufgaben zu übernehmen, die sie im Grunde

Wir entscheiden selten, was die Situation verlangt. Wir entscheiden, was unsere inneren Zwänge verlangen.

nichts angehen. Sie möchte es eben anderen immer recht machen.

Wann entscheiden Sie nicht für sich?
Sondern mit Blick darauf, was Sie unterstellen, was andere von Ihnen erwarten?

Gehen wir ein Büro weiter, treffen wir auf Klaus. Klaus ist Workaholic. Er hat zwar Familie, aber die sieht ihn kaum. Wenn er Entscheidungen zu treffen hat, entscheidet er nicht nach Notwendigkeit und Rentabilität. Sondern danach, ob die Aufgabe mehr Arbeit für ihn abwirft: Viel Feind, viel Ehr'.

Treffen Sie Entscheidungen ergebnisorientiert?
Oder aufwandsmaximierend?

Am Schreibtisch neben ihm sitzt Ines, die Hektische. Sie macht immer fünf Dinge gleichzeitig, ist ständig „total im Stress". Warum? „Mein Job ist halt so stressig." Wie kann das sein? Klaus neben ihr hat fast denselben Job, ist aber sehr viel seltener gestresst, weil er stur eine Aufgabe nach der anderen abarbeitet.
Nein, es liegt nicht am Job. Es liegt an Ines. Was sie macht, muss sie hektisch machen. Das sagt ihr Skript.

Happy Hektiker
Wie sehr machen Sie Stress? Wann? Wozu?

Angesichts der vielen Defekte des angeblich so gesunden Menschenverstandes kann einem leicht schlecht werden. Bleiben Sie tapfer! Bald haben wir es überstanden. Nur noch wenige Entscheidungsfesseln.

Die Rambo-Manie
Haben Sie manchmal das Gefühl, dass Sie alles alleine schaffen müssen? Wie realistisch ist diese Annahme, wenn Sie andere noch nicht einmal um Unterstützung gebeten oder an sie delegiert haben?

Insbesondere Führungskräfte und Mütter leiden unter dieser Entscheidungsfessel. Kürzlich beklagte sich eine Mutter: „Alles muss ich im Haushalt alleine machen (das ist die Fehlentscheidung!). Die Kleinen helfen mir keinen Strich! Sogar den Müll muss ich selber raustragen!“ Dazu meinte der Siebenjährige, der das zufällig mitbekam: „Aber Mama, sag doch einfach, wenn ich den Müll wegbringen soll!“ Ja, kann man von einem Siebenjährigen nicht verlangen, dass er selber darauf

Wer das falsche Skript hat, wird sein ganzes Leben lang die falschen Entscheidungen treffen – bis er/sie das Skript umschreibt.

kommt? Gegenfrage: Kann man von einer Siebenunddreißigjährigen nicht verlangen, dass sie einem Siebenjährigen das beibringt? Nein, kann man nicht, wenn die Siebenunddreißigjährige dem Skript folgt: „Ich Arme muss immer alles selber machen!"

Die zumindest in Deutschland am häufigsten anzutreffende Entscheidungsfessel ist, volkstümlich, der Pessimismus. Genau gesagt der Skript-Slogan: „Das schaffe ich doch nicht!" Neulich erzählte uns ein Produktmanager, dass seine Geschäftsführung ihm einen super Produktvorschlag mit der Begründung abgelehnt hat, das neue Produkt könne weder finanziert noch wegen Kapazitätsengpässen produziert werden. Der Produktmanager sagte: „Das war mit Zahlen und Fakten so gut belegt, dass ich zunächst darauf reinfiel. Dann aber dachte ich: Moment mal!" Er umging den offiziellen Dienstweg und fragte von sich aus bei der Hausbank nach. Und er erkundigte sich bei seinem Fertigungsleiter persönlich nach freien Kapazitäten. Innerhalb von einer Woche hatte er von beiden Stellen problemlos das Okay. Der Geschäftsführer war baff: „Also, wir sind davon ausgegangen, dass das nicht machbar ist." Wie wahr, wie wahr: Wer bereits **vor** der Entscheidung seinem Lebensskript aufsitzt, das ihm einflüstert, dass etwas nicht machbar ist, der biegt sich folgerichtig eine wasserdichte Begründung dafür zurecht. Und all das unbewusst, sozusagen hinter seinem eigenen Rücken.

Ähnlich häufig anzutreffen ist vor allem im Topmanagement und in Anlegerkreisen der Zweckoptimismus: 80 Prozent aller Projekte im Projektmanagement werden zum Beispiel unter viel zu optimistischen Annahmen gestartet. Die meisten Aktien werden unter der (buchstäblich unbegründeten) Annahme gekauft, sie würden steigen. Dies führt uns zu etwas, das allen Skripten, allen Entscheidungsfesseln zugrunde liegt.

Welche stillschweigende(n) Annahme(n) stellen Sie Ihrer Entscheidung voran?
Ich muss alles selber machen? Ich muss fünf Dinge gleichzeitig tun? Ich muss es so machen, dass es anderen gefällt? Ich schaffe das nicht? Ich schaffe das doch locker? Ich muss perfekt sein?

Praktisch allen Fehlentscheidungen, allen falschen Entscheidungsregeln und allen Entscheidungsfesseln liegen stillschweigende und falsche Annahmen zugrunde. Wer diese aufdeckt, entfesselt buchstäblich seine Entscheidungskraft.

Die Fesseln abstreifen

Wie konnten Banker mit Millionengehalt bloß so dumm sein, Schrott-Kredite in Milliardenhöhe zu kaufen und damit die Welt in die größte Finanzkrise seit den 1920er-Jahren zu stürzen? Wie kann Sergej bloß so dumm sein, eine Abmahnung zu riskieren, bloß weil sein Bericht noch nicht perfekt formatiert ist?

Als Außenstehende können wir es nicht fassen, dass vernünftige Menschen so dumm sein können – bis es uns selbst passiert und wir uns fragen: Wie konnte mir das passieren? Warum habe ich das nicht kommen sehen? Weil Entscheidungsfesseln uns buchstäblich blind machen. Der Psychologe nennt das selektive Wahrnehmung. Lassen Sie uns ein kleines Gedankenexperiment dazu anstellen.

Gehen Sie doch einmal in Gedanken die Einkaufsstraße Ihrer Stadt entlang. Mittags um zwölf. Sie haben Hunger. Was sehen Sie? Sie können bestimmt auf Anhieb sagen, wo sich welches Gasthaus, welcher Imbiss und welche Dönerbude befindet. Warum erzählen Sie uns nicht vom Frisör, vom Juwelier und von der Apotheke? Weil Sie nicht darauf achten, wenn Sie Hunger haben.

Unsere Wahrnehmung folgt unseren Annahmen.

Deshalb sieht Sergej buchstäblich nicht (in voller Tragweite), dass sich sein Chef schon seit Monaten über Sergejs Perfektionismus aufregt, dass es bereits drei Uhr ist und dass er eine Abmahnung riskiert, wenn er schon wieder nicht pünktlich abliefert. Er ist blind für diese Tatsachen, weil sie von seiner Annahme („Es muss perfekt sein“) via selektiver Wahrnehmung ausgeblendet werden. Das ist eine richtige Höllenmaschine: Entscheidungsfesseln immunisieren sich selbst gegen ihre Entdeckung und Beseitigung, indem sie unsere Wahrnehmung manipulieren. Wenn wir einmal einer bestimmten Annahme folgen („Das schaffen wir/nie!"), sehen wir nur noch jene Argumente und Daten, die diese Annahme stützen.

Bestes Beispiel dafür sind unglückliche Ehen. Ein befreundeter Familienrichter erklärte uns einmal: „Die meisten Ehen werden zum falschen Zeitpunkt geschieden. Die einen zu früh, die anderen zu spät." Warum gehen Menschen nicht exakt zu jenem Zeitpunkt aus einer Beziehung, an dem jedem (Außenstehenden) klar ist, dass die Sache keine Zukunft hat? Warum entscheiden die einen sich fälschlicherweise dafür, zu lange zu bleiben, während die anderen sich fälschlicherweise dafür entscheiden, zu früh zu gehen? (Beide leiden übrigens unter der Fehlentscheidung, genauso wie ihre Kinder und Partner.) Weil die einen die unbewusste Annahme verfolgen „Das wird schon wieder", während die anderen die ebenso unberechtigte Annahme verfolgen „Das wird nix mehr". Sie kleben wie Fliegen an diesen Annahmen fest, weil ihre selektive Wahrnehmung nur noch Informationen durchlässt, die diese Annahmen stützen. Sie glauben wirklich, dass die Ehe futsch sei – weil ihre Annahme nur noch Tatsachen erlaubt, die ebendiese Annahme stützen. Oder sie glauben wirklich, dass die Ehe noch zu retten sei, weil ihre Wahrnehmung ihnen den entgegengesetzten Streich spielt. Meist geben wir die Annahmen erst dann auf, wenn es wirklich dicke kommt, wenn es schon zu spät ist – aber oft nicht einmal dann, was einen Skeptiker einmal zu folgender Aussage veranlasste: „Eher stirbt der Mensch als seine Fehlannahmen."

Die meisten Menschen, mit denen wir uns über Entscheidungen unterhalten, kennen ihre eigenen Fesseln erstaunlich gut. Auch Sergej sagt: „Ich bin manchmal so ein verdammter Perfektionist. Aber ich kann mir das nicht abgewöhnen!" Warum nicht? Weil er sich ebenso wenig das Atmen abgewöhnen kann.

Wir können uns nicht Dinge abgewöhnen, die uns nutzen.
Der Versuch löst einen inneren Widerstandsreflex aus.

Sergej arbeitet gerne genau. Genau zu arbeiten ist streng genommen ein Sinn seines Lebens (es gibt mehrere). Es tut ihm körperlich weh, wenn er „schlampen" muss. Deshalb kann er sich seinen Perfektionismus nicht abgewöhnen: Weil es ihm nutzt. Wie Atmen auch. Wenn er versuchen würde, sich das Atmen abzugewöhnen, würde das die Natur ähnlich effektiv verhindern.

Entfesselung
Der beste Weg, eine Entscheidungsfessel abzulegen, ist, ihren versteckten Nutzen zu würdigen und an die Möglichkeiten der realen Situation anzupassen.

Sergej kann sich manchmal seinen Perfektionismus verkneifen – mit unglaublich viel Überwindung und Disziplin. Eben weil er dabei gegen seine eigene Natur kämpft. Als

sein Chef ihm das nächste Mal eine Aufgabe überträgt, hört er auf zu kämpfen und versucht stattdessen zu ergründen, wie viel Perfektionismus in der konkreten Situation möglich ist. Er findet heraus: „Diese Aufgabe muss unter Zeitdruck erledigt werden – keine Zeit für hundertprozentige Perfektion. Außerdem hat der Kunde ausdrücklich schnelle und nicht perfekte Erledigung gewünscht. Und drittens bezahlt er uns auf keinen Fall eine perfekte Lösung. Also mache ich zwar die Bedienelemente des Auftrags so perfekt wie möglich – doch für die Mechanik nehme ich einfach eine Lösung von der Stange."
Schön, wenn Ihnen das einleuchtet. Besser, wenn Sie es auch umsetzen (können): Übung macht den Meister.

Ihr Entfesselungs-Training

Auf der Grundlage des bisher Diskutierten können wir eine Fünf-Schritte-Entfesselung entwickeln:

1. Unbewusstes bewusst machen: Erkennen Sie, welche tiefsitzenden Entscheidungsfesseln chronisch und systematisch Ihre Entscheidungen verfälschen.
2. Hören Sie auf, diese „Sklaventreiber" zu bekämpfen. Kampf ist Krampf, kostet bloß Energie und verhärtet die Fronten.
3. Suchen und erkennen Sie den Nutzen, den Ihre Fessel Ihnen verschafft. Würdigen Sie diesen Nutzen: „Schön, dass ich so … bin. Das bringt mir immerhin …"

4. Suchen Sie ganz bewusst nach jenen Informationen, die dagegensprechen, Ihrem Sklaventreiber in dieser konkreten Entscheidungssituation freien Lauf zu lassen.
5. Wie viel von Ihrem Antreiber können Sie in der konkreten Situation ausleben?

Wie Sergej seine Perfektionismusfessel abstreift, haben wir gesehen. Wie schaffen es Vera, die Altruistin, und Klaus, der Workaholic? Denken Sie kurz nach. Versuchen Sie, für die Lösungsschritte 3, 4 und 5 jeweils einen Satz aus deren Sicht zu formulieren.
Vera könnte zum Beispiel sagen: „Schön, dass ich so sehr um das Wohl anderer Menschen bemüht bin (Schritt 3: Würdigung). Aber wenn ich jedermanns Arbeit mache, schaffe ich meine eigene nicht (4: Information, die dem Skript widerspricht). Ich glaube, das Geschirr in der Kaffeeküche lasse ich heute mal stehen und erledige erst mal meine Ablage (5: Wahlentscheidung)."
Klaus könnte sagen: „Wenn ich viel arbeite, fühle ich mich richtig wohl. Wenn ich heute aber den dritten Abend in Folge erst um acht nach Hause komme, gibt es daheim richtig Stress. Heute mache ich um sechs Schluss, morgen arbeite ich wieder länger."
Wenn Ihnen diese Lösungen trivial erscheinen – gut erkannt! Wer sich jedoch auf Trivialität kapriziert, übersieht den eigentlichen Knackpunkt: Solche trivialen Sätze zu sagen, fällt Menschen, die unter der betreffenden Fessel leiden, sehr, sehr schwer. Nehmen Sie Ihre eigenen Fesseln:

Wie schwer fällt es Ihnen, diese abzustreifen? Und wenn Ihnen etwas so viel Mühe macht, sind Sie dann nicht dankbar für eine möglichst „triviale" Lösung? Also hören Sie auf, sich über das Triviale zu mokieren. Nutzen Sie es!

Rosskur für Fortgeschrittene

Sergej zum Beispiel versucht nicht länger, seinen Perfektionismus zu zähmen. Im Gegenteil. Er sagt sich: „Ich mache nicht weniger Dinge perfekt. Ich werde **alles** perfekt machen! Aber: Was ist perfekt? Perfekt formatiert ist nicht perfekt. Erst wenn der Chef perfekt zufrieden ist, ist es perfekt. Und wenn der Chef nur dann zufrieden ist, wenn es nicht perfekt formatiert ist, ist das perfekt!" Alles klar? Ja, das ist höhere Hirnakrobatik. Sie folgt der bestechenden Logik:

Wir können nur überwinden, was wir würdigen – auch wenn manche dabei ziemlich übertreiben.

Bekämpfe nicht, was dich stört!
Vergrößere es! Dehne deine Fessel maximal weit aus! Mindestens jedoch auf die Konsequenzen der Fesselung.

Vera, die zwanghafte Altruistin, sagt: „Alle sollen zufrieden mit mir sein. Aber wenn ich einem Kunden zu viel Rabatt gebe und mir mein Chef den Kunden deshalb wegnimmt und einem Kollegen gibt, der ihn beinhart über den Tisch zieht, dann ist keiner mit mir zufrieden!"

Klaus, der Workaholic, sagt: „Je mehr Arbeit, desto besser. Und zu Hause wartet am meisten Arbeit auf mich: meine Beziehung, die Kinder, der Haushalt – das macht richtig viel Arbeit!"

Selbst Ines, die Hektische, sagt: „Ich liebe es, fünf Dinge gleichzeitig in der Luft zu halten. Aber ehrlich gesagt: Mindestens drei davon fallen dabei ständig zu Boden. Also, entweder ich schaffe es, alle fünf in der Luft zu halten – oder ich fange erst einmal mit drei an."

Zugegeben, solche Übertreibungslösungen schüttelt keine(r) einfach so aus dem Ärmel. Da muss man schon eine Weile über seine Fessel(n) nachgedacht haben, und deshalb ist es auch eine Lösung für Fortgeschrittene. Doch probieren Sie es ruhig einmal aus, denn wie das Sprichwort sagt: Probieren geht über Studieren.

Hat Ihr Chef Arthrose?

Machen wir einen großen Schritt in die Praxis der Entscheidung. Keine Bange, wenn Sie diesen Schritt beim ersten Versuch nicht so ganz schaffen: Sie sollen dieses Buch ja auch mehr als nur einmal in die Hand nehmen.

Wenn Menschen sich über Entscheidungspathologien am Arbeitsplatz beklagen, dann kommt an oberster Stelle die

Entscheidungsarthrose: „Selbst wenn ich nur einen neuen Bleistift möchte, brauche ich dafür drei Formulare mit sieben Durchschlägen, zehn Leute müssen unterschreiben und es dauert Wochen!"

Bernd arbeitet in einem solchen arthritischen Betrieb. Er ist Abteilungsleiter IT eines mittelständischen Herstellers für Spezialmechanik und klagt seit Jahren: „Das Internet böte uns so tolle Möglichkeiten des Einkaufs, der Kundenbetreuung, der Akquise – aber unser Geschäftsführer hat Panik vor dem Internet! Dem habe ich schon tausendmal gesagt, dass er auch mal was Neues riskieren muss – der hat schlicht Muffensausen!"

Was macht Bernd falsch? Wie würden Sie es anpacken?

Bernd versucht, seinen Geschäftsführer von dessen Entscheidungsfessel zu befreien. Gute Idee, schlechte Ausführung: Bernd bekämpft offensichtlich den armen Mann – so dessen Auffassung –, was diesen geradezu zur Reaktanz, zum Widerstand provoziert. Was wäre besser? Richtig: Würdigen. Aber was? Was ist die Entscheidungsfessel des Geschäftsführers? Es ist die vieler Manager: die Sicherheitsneurose. Er möchte am liebsten nur Entscheidungen treffen, die hundertprozentig sicher sind. Leider gibt es so etwas in einer unsicheren Welt nicht. Daher trifft er lieber gar keine Entscheidungen, sitzt sie aus. Während die Konkurrenz Bernds Unternehmen rechts überholt.

Man kann nur ändern, was man würdigt.

Also würdigt Bernd zunächst den Nutzen der Entscheidungsfessel des Geschäftsführers: „Mir ist klar, dass Sie uns davor bewahren möchten, uns unüberlegt in ein riskantes Internet-Abenteuer zu stürzen!" Der Geschäftsführer atmet sichtlich auf: Endlich versteht ihn einer! Er „kommt vom Baum runter", gibt erst mal seinen Widerstand auf, lässt mit sich reden. Was macht Bernd dann? Richtig, er blendet das ein, was die Entscheidungsfessel des Geschäftsführers lange Jahre ausgeblendet hat: „Ich weiß, wir müssen einerseits auf Nummer sicher gehen. Andererseits erwarten immer mehr Kunden von uns Internet-Bestellmöglichkeiten. Die Konkurrenz bietet das teilweise schon an. Und unser Verband hat es auch empfohlen."

Der Geschäftsführer fühlt sich positiv verführt: Endlich versucht Bernd nicht länger, ihm sein Sicherheitsstreben auszureden. Endlich hört er damit auf, ihn überreden zu wollen. Endlich argumentiert er nicht mehr einseitig zugunsten des Internets, sondern ausgewogen. Das ermöglicht es dem Geschäftsführer, so weit von seinem Sicherheitsbedürfnis wegzugehen, dass er Bernd ein kleines Pilotprojekt für eine Internet-Bestellmöglichkeit für Kunden genehmigt. Bernd hat die Entscheidungsfessel seines Vorgesetzten bei dieser einen Entscheidung gelöst. Bei der nächsten wird er es wieder machen.

Die besten Entscheidungen ...

... treffen nicht die klügsten oder erfahrensten Leute, sondern jene, die Entscheidungsfesseln am ehesten erkennen – und auflösen können.

Die Macht der Neuroplastizität

Wenn Sie bis hierher gelesen haben: Respekt, Sie meinen es wirklich ernst damit, bessere Entscheidungen zu treffen! Wenn Sie in sich hineinspüren, bemerken Sie bereits die ersten Verbesserungen: Sie wissen inzwischen jede Menge über Fehlentscheidungen, Entscheidungspathologien, Entscheidungsregeln und wie man die Fesseln falscher Skripte abstreift. Sie betrachten Ihre eigenen Entscheidungen mit anderen Augen, bewusster, wacher, aufmerksamer gegenüber verräterischen Fehlermustern. Und Sie haben sicher schon eines bemerkt:

Was gute Entscheidungen ausmacht
Ob wir richtig oder falsch entscheiden, liegt nicht so sehr an äußeren Umständen, sondern an unseren unbewussten Entscheidungsgewohnheiten.

Ferdinand zum Beispiel gewährt Kleinkunden viel zu häufig Kulanz – und zahlt bei diesen Reparaturaufträgen meist kräftig drauf. Eva rastet immer sofort aus, wenn ihr Mann sie darauf anspricht, dass sie sorgsamer mit dem knappen Haushaltsgeld umgehen soll – ja, auch die Nerven zu verlieren ist eine (Fehl-)Entscheidung. Das sind einfache (aber nicht einfach loszuwerdende) Entscheidungsschwächen. Es gibt jedoch auch komplexere.

Sven ist Entwicklungsvorstand und hat in letzter Zeit einige Fehlentscheidungen getroffen: Er setzte auf Neuentwicklungen, die floppten. Dagegen stoppte er Projekte, die sich hinterher als sehr profitabel (für die Konkurrenz!) herausstellten. Ein dummer Mensch (und davon gibt es erstaunlich viele im Management und anderswo) würde diese Fehler auf mangelndes Glück, die doofe Konkurrenz oder die „unberechenbare" Marktentwicklung schieben. Sven ist intelligenter. Er weiß, dass für Fehlentscheidungen immer der Fehlentscheider verantwortlich (nicht: schuldig!) ist. Er kennt auch seine Entscheidungsschwäche. Es ist die Bestätigungs-Tendenz.

Die Bestätigungs-Tendenz

Der menschliche Verstand ist von Geburt an so programmiert, dass der Mensch nicht erst Daten sammelt und dann aufgrund der Daten entscheidet. Er ist so geschaltet, dass wir (unbewusst!) eine Vorannahme treffen beziehungsweise eine Hypothese aufstellen und dann per selektiver Wahrnehmung nur noch jene Daten wahrnehmen oder als vorrangig bewerten, die diese stillschweigend getroffene Annahme stützen.

Sven hat also von Anfang an „so ein Bauchgefühl", welche Projekte gut und welche schlecht sind – und lässt ganz unbewusst nur noch jene Daten in sein Bewusstsein, die diese Annahme stützen. Inzwischen weiß er das, kann sich diese Angewohnheit lediglich nicht abgewöhnen, obwohl er wirklich will und obwohl sein Job davon abhängt.

Wie unser Verstand (fehl)funktioniert

Fragen Sie mal einen Raucher, ob er mit seinem Laster aufhören möchte. Was wird er mit hoher Wahrscheinlichkeit antworten? „Ach, ich könnte schon, wenn ich wollte. Aber ich will noch nicht." Der Raucher weiß es nicht, doch mit diesem Spruch begeht er einen der größten Irrtümer der Menschheit.

Der menschliche Wille ist ein Witz.

Wenn wir mit Menschen über deren Entscheidungsverhalten reden, kann fast jeder nach einigen Minuten Nachdenkens sagen, was er bei bestimmten Entscheidungen falsch macht. Doch so sehr er es auch will, er kann diese schlechten Angewohnheiten nicht immer so schnell loswerden, wie er sie erkannt hat. Die meisten versuchen schon seit Jahren, sie sich abzugewöhnen – und scheitern daran. Obwohl sie es so sehr wollen: Der menschliche Wille ist ein denkbar ungeeignetes Instrument der Veränderung. Er ist so gut wie machtlos gegen schlechte Gewohnheiten. Warum?

Die Antwort darauf fand erst in letzter Zeit die neuere Hirnforschung mithilfe modernster Technologie (etwa der bereits in Kapitel 2 erwähnten Magnetresonanztomografie). Sie entdeckte sozusagen die Schaltpläne für die oberste Entscheidungsinstanz: unseren Geist. Aufgrund der Kenntnis dieser Schaltpläne kann Ferdinand jetzt sagen, warum er Kleinkunden auch dann Kulanz gibt, wenn ihm das finanziell schadet. Machen wir bei Ferdinand eine Magnetresonanztomografie, können wir am Bildschirm sehen, was in seinem Gehirn passiert, wenn er einen Kleinkunden mit Reparaturauftrag vor sich hat. Vereinfacht ausgedrückt: Beim Anblick des Kleinkunden leuchtet sein Nervenknoten (Neuron) für „Kleinkunde“ auf, kurz darauf sein Neuron für „Kulanz“. Und zwischen beiden Neuronen verläuft etwas, das Neurologen an eine Autobahn erinnert: eine dicke, fette, breite Neuronenbahn. Und bevor noch Ferdinand bewusst bemerkt, was er da tut, hat das Kulanz-Neuron bereits an sein Sprechzentrum signalisiert: „Gib Kulanz!“ In der MRT-Röhre flucht Ferdinand still vor sich hin, dass er „derart dämlich“ sein kann. Und er nimmt sich fest vor (= Wille), beim nächsten Versuchsdurchgang in der Röhre keine Kulanz mehr zu geben. Jetzt wird es interessant.

Solange unsere Gedanken die falsche „Autobahn“ nehmen, entscheiden wir falsch.

Denn auch zwischen den Neuronen „Kleinkunde“ und „Bloß keine Kulanz geben!“ verläuft eine neuronale Bahn. Der Versuchsleiter lacht unwillkürlich, als er auf den Bildschirm schaut: Diese Bahn ist so schmal wie ein Trampelpfad durch das dickste Dickicht des Urwalds. Und nun sagen Sie selbst:

Wenn Sie ein Gedanke wären, welchen Weg würden Sie nehmen? Die Autobahn oder den Trampelpfad? Es ist wie im richtigen Leben: Kein Mensch würde von München nach Hamburg über die Landstraße fahren, sondern jeder nimmt die Autobahn. Selbst unsere Gedanken im Kopf.

Es gibt keinen „freien Willen". Wir können eben nicht denken, was wir wollen (wir denken das nur). Wir denken vielmehr immer nur das, wofür die breitesten Bahnen angelegt sind, das heißt, unser Denken bewegt sich tatsächlich wirklich „in eingefahrenen Bahnen", wie man so schön sagt.

Was wir denken
Unsere Gedanken sind nicht frei, wie das Volkslied behauptet. Sie sind mechanisch verdrahtet. „Hardwired", wie der Fachausdruck lautet.

Wenn eine Autobahn in unserem Schädel einmal angelegt ist, dann werden unsere Gedanken ganz automatisch darauf fahren. Egal, wie sehr die Autobahn über die Klippe ins Nichts führt. Egal, wie sehr wir das nicht wollen. Nicht der Wille, sondern die Autobahn bestimmt, was wir denken: Deshalb sind schlechte (und gute!) Angewohnheiten so hartnäckig.

Wenn wir uns ein Käsebrot zubereiten wollen, dann reicht dafür der Wille. Wenn wir jedoch anstreben abzunehmen, mehr Sport zu treiben, den Alkohol oder das Rauchen aufzugeben oder schlechte Entscheidungsgewohnheiten abzulegen, dann ist das schlichte Wollen wirklich das Letzte, was hilft. Und das wissen wir auch: So sehr wir auch wollen, unsere schlechten Gewohnheiten sind stärker. Weil sie physisch in unserem Kopf verdrahtet sind. Das schockiert Sie? Warum? Wie so oft im Leben versteckt sich im Problem bereits seine Lösung:

Die Neuroplastizität des Gehirns
Wenn schlechte (Entscheidungs-)Gewohnheiten in unserem Gehirn fest verdrahtet sind, dann müssen wir eben neu verdrahten.

Dass dies überhaupt menschenmöglich ist, ist ein Wunder der Natur. Schließlich können wir unseren Arm oder ein Knie nicht einfach neu anordnen, formen, umbauen, denn Gliedmaßen und Organe sind nicht auf diese Weise plastisch, also formbar. Wohl aber unsere Neuronen – daher der Ausdruck Neuroplastizität. Haben Sie Lust darauf, Ihr Oberstübchen neu einzurichten?

Verdrahten Sie Ihren Verstand neu

Wenn die falsche Entscheidungsregel eine Autobahn ist und die richtige ein Trampelpfad – wie schaffen Sie dann die falsche Regel aus der Welt? Jetzt wissen wir, warum

Gewohnheiten zu bekämpfen nichts bringt, diese dabei sogar nur noch stärker werden: Jedes Mal, wenn wir den Versuch unternehmen, eine Gewohnheit bekämpfen, denken wir an sie – und an sie denken stärkt die Autobahn.
Es bringt offensichtlich nichts, gegen dieses Wirkungsprinzip anzukämpfen – also nutzen wir es einfach und drehen den Spieß um.

So gestalten Sie Ihren Verstand neu
Je öfter Sie einen guten Gedanken denken, desto breiter wird dessen Bahn. Bis sie so breit ist, dass Ihre Gedanken nicht mehr die alte Autobahn, sondern die neue nehmen.

Deshalb können wir schlechte Angewohnheiten, die wir jahrelang pflegten, nicht von heute auf morgen ablegen, auch wenn wir das noch so sehr wollen: Erst müssen wir die passende Autobahn dafür bauen. Dasselbe gilt übrigens auch fürs Wissen. „Nun zaudere doch nicht immer so!“, sagt Claudia zu Karl, der eine Budgetentscheidung treffen muss. „Du musst doch keine Angst haben. Wenn du zu knapp entscheidest, müssen wir eben ein Nachtragsbudget beantragen.“ Das **weiß** Karl, doch das Wissen reicht genauso wenig wie der Wille, seine Entscheidungsblockade zu beseitigen.

Wissen ist Macht? Mit Sicherheit nicht.

Jeder von uns **weiß** im Grunde, was er/sie tun muss, um glücklich zu sein und Erfolg zu haben. Warum **tun** wir es dann nicht? Weil Wissen allein nichts bewegt – solange die passende Autobahn noch nicht dafür angelegt ist! Aus diesem Grunde fragen Kinder in einem bestimmten Alter den Erwachsenen „Löcher in den Bauch", stellen Dutzende Male dieselbe Frage: Sie programmieren ihren Verstand, legen die Autobahn per Wiederholung an. Kinder machen das noch automatisch. Wir Erwachsenen müssen es erst wieder lernen.

Das dauert. Zwar nicht Jahre, aber doch Tage und Wochen. Ferdinand zum Beispiel hat 26 Jahre lang fast jeden Tag mindestens einmal gedacht: „Der arme Kleinkunde! Komm, das mach ich auf Kulanz!" Jetzt denkt er, in der Röhre liegend, drei Dutzend Mal: „Kleinkunde? Zumindest einen Teil der Reparatur kann er übernehmen." Und während er diesen Gedanken immer und immer wieder wiederholt, wächst seine Neuronenbahn immer weiter an.

Die Macht der Gedanken: Abstrakte, ungreifbare Gedanken können tatsächlich unser Gehirn verändern.

Ein extremes Beispiel für diese erstaunliche Neuroplastizität des menschlichen Gehirns lieferte uns jüngst ein kleines Mädchen. Die Siebenjährige meinte, nachdem sie uns Erwachsenen beim Diskutieren über das „Erwachsenenthema" zugehört hatte: „Och, das ist aber schön. Dann gewöhne ich mir jetzt mein Kitzligsein ab." Früher hatte man nur den Zeigefinger auf ihre Rippen richten müssen und sie giggelte schon los. Nachdem sie eine halbe Stunde lang „neu verdrahtet" hatte, brachten sie selbst vier Erwachsenenhände nicht mal mehr dazu, müde zu lächeln. Erstaunlich? Das Beste kommt erst: Nachdem sie eine Woche lang mit ihrer erstaunlichen neuen Fähigkeit in Familie und Freundeskreis angegeben hatte, beschloss sie, dass es viel lustiger sei, von anderen gekitzelt zu werden – und ging die alte „Autobahn“ so lange gedanklich auf und ab, bis sie wieder kitzlig war! So plastisch ist unser Gehirn. Tatsächlich wissen wir das nicht erst seit Kurzem.

Die moderne Hirnforschung hat die Neuroplastizität nicht entdeckt, wie viele Wissenschaftsenthusiasten derzeit fehlfolgern. Sie hat lediglich nachgewiesen, **warum** unser Gehirn plastisch ist. Denn dass es das ist, wusste die Menschheit schon früh. In jedem Volk der Antike gibt es dafür genügend Belege, zum Beispiel in Form von Sprichwörtern. Schon die alten Römer wussten: „Repetitio mater sapientiae est“ – Wiederholung ist die Mutter der Weisheit. Die Amerikaner sagen: „Repetition is the mother of skills.“ Also die Mutter der Fähigkeiten. Nach diesem Sinnspruch trainierten übrigens die alten Samurai. Sie ließen ihre Schüler jede einzelne kleine Bewegung hundert- und tausendfach wiederholen. So lange, bis sie „im Schlaf saß“, bis sie völlig automatisch erfolgte, bis die neuronale Bahn im Gehirn breit wie eine sechsspurige Autobahn war.

Wer sein Gehirn wie ein Samurai trainiert, wird so gut, schnell und sicher entscheiden wie ein Samurai: blitzschnell, zielgenau und mit traumwandlerischer Sicherheit.

Auf die sanfte und auf die harte Tour

Evas Problem ist, dass die Neuronen „Haushaltsgeld“ und „Ärger“ durch eine dicke Autobahn verbunden wurden. Die Neurologen sagen dazu: „Neurons that fire together, wire together.“ Nervenzellen, die zusammen aktiviert werden („feuern“; in der MRT sieht das wie kleine Blitze aus), verdrahten sich sozusagen. Seit sie das weiß, ist das Problem schon halb gelöst.

Sie beginnt ihr Samurai-Training. Sie wiederholt drei Dutzend Mal das Wort „Haushaltsgeld“ und denkt dabei jedes Mal bewusst: „Kann man ganz vernünftig drüber reden.“ Klingt zu einfach? Entschuldigung, aber wenn das so kompliziert wäre, dass es nur ein Professor versteht, dann hätten nur Professoren die Evolution überlebt. Glauben Sie wirklich, dass die Evolution so dumm ist, alle Nicht-Professoren auszurotten? Tatsächlich wundert sich ihr Mann, dass Eva bei der nächsten unvermeidlichen Diskussion zum Haushaltsgeld sehr viel vernünftiger reagiert als sonst. Das Samurai-Training wirkt. Immer?

Ja. Entweder auf die sanfte Tour wie bei Eva. Oder auf die harte Tour wie bei Ferdinand. Bei ihm schlägt die sanfte Tour nicht an. Auch nach hundertmaligem Befahren seiner neuen Autobahn fällt er immer noch auf Kleinkunden herein. Warum? Ihm funkt buchstäblich ein Neuron dazwischen.

Es ist das Neuron „Mitleid“. Sobald sein Neuron „Kleinkunde“ feuert, wird nicht nur das Kulanz-Neuron, sondern auch das Mitleids-Neuron aktiviert. Das Phänomen kennen wir vom Abnehmen, Rauchen oder Sport treiben. Auch wenn wir uns tausend Mal sagen, „Sport ist gut für mich!", feuert doch unser Neuron „Aber das macht doch keinen Spaß!"

Jeder Trainer weiß das: Wenn sich ein Sportler mit viel eiserner Disziplin zum Training überwinden muss, hält er das nicht lange durch, und irgendwann schießt ihn das „Kein-Spaß-Neuron" von der Stange. Umgekehrt heißt das:

Das Erfolgsgeheimnis schlechthin

Wenn Sie es schaffen, dass Ihr Spaß-Neuron zusammen mit dem Neuron feuert, das Sie aktivieren wollen, ist Ihnen nichts unmöglich im Leben.

Das gilt nicht nur für Entscheidungen. Thom und Fred sind Zwillingsbrüder. Thom ist ein typischer Stubenhocker, der schon beim Gang zum Bäcker um die Ecke zu schnaufen beginnt, Fred ein begeisterter Jogger.

Der Imperativ der Reprogrammierung: Such die Ausnahmen!

Warum? Weil Fred Jogging Spaß macht!

Thoms und Ferdinands Aufgabe besteht nun jeweils darin, ihr Spaß-Neuron zusammen mit dem Jogging- respektive dem Kleinkunden-Neuron feuern zu lassen. Thom hält das für ausgeschlossen: „Ich hasse Sport! Jede Art von Sport!" Jede Art? Nachdem wir im

Coaching eine Weile mit Thom zusammen dessen Freizeitgestaltung in seiner Jugend betrachtet haben, fällt ihm selbst auf: „Basketball habe ich früher eigentlich immer gerne gespielt. Nicht gut, aber gerne. Das ist so elegant. Und vor allem wird nicht so gefoult wie beim Fußball."

Auch bei Ferdinand führt das Erforschen seiner Vergangenheit auf der Suche nach Ausnahmen von seiner „Kein-Spaß-Regel" zu einem Ergebnis. Das tut es immer, man muss nur lange und tief genug suchen, weil die meisten Dinge im Leben normalverteilt sind: Es gibt nicht nur Schwarz und Weiß, sondern dazwischen liegen viele Grautöne. Und zu jeder Regel gibt es viele Ausnahmen. Ferdinand findet gleich drei, nämlich drei Kleinkunden, denen er in der Vergangenheit nur einen Teilbetrag der Reparatur berechnet hatte und die sich daraufhin überschwänglich bei ihm bedankten, dass er es „so günstig" gemacht hatte. Das freute ihn, fällt ihm jetzt ein, eigentlich noch viel mehr, als wenn er nichts berechnet: Da sind die Leute selten dankbar (denn was gratis ist, ist nichts wert, denkt Otto Normalverbraucher).

Also besteht Ferdinands Training darin, dass er an „Kleinkunden" denkt (das Kleinkunden-Neuron feuert) und dabei gleichzeitig an die drei dankbaren Kleinkunden der Vergangenheit (das Spaß-Neuron wird aktiviert). Eigentlich möchten wir, dass er das gut drei Dutzend Mal macht. Wir kommen nicht so weit. Nach schon einem Dutzend Wiederholungen ist Ferdinand so begeistert (die Spaß-Bahn so verbreitert), dass er jetzt sofort in seinen Elektro-Betrieb

zurück und Kleinkunden bedienen möchte. Vierzehn Tage später ruft seine Frau an und bedankt sich dafür, dass „mein Mann nicht länger unseren Betrieb und die Finanzen unserer Familie mit Kleinkunden ruiniert".
Wenn das so gut funktioniert, warum sind Sie dann skeptisch?

Das Goethe-Prinzip

„Es betrübt die Menschen, dass das Geniale so einfach ist", soll Goethe gesagt haben. „Sie vergessen darüber, dass sie mit dessen Umsetzung noch genug Mühe haben werden."
Die Neuroplastizität funktioniert wirklich denkbar einfach (weil sie ein Evolutionsmechanismus ist, und die sind prinzipiell so einfach wie zum Beispiel „Survival of the fittest"). Trotzdem verlegen nur sehr wenige Menschen ihre falschen Autobahnen im Kopf. Warum?
Es gibt viele Gründe dafür. Einer der häufigsten: Wir fürchten, unsere Identität zu verlieren. Ein Coachee (kurz für: Coaching-Klient) verriet uns einmal: „Wenn ich meinen Kopf auf alles programmieren kann, was ich will – wer bin ich dann? Was ist dann noch meine Persönlichkeit?" Das ist die größte Angst des Menschen (noch vor der Todesangst): Identitätsverlust. Dieser Angst lässt sich ganz leicht der Stachel ziehen.

Wer Sie sind
Sie bestehen nicht nur aus Ihren falschen Programmierungen (auch wenn diese sich vertraut anfühlen und das Gefühl geben: „So bin ich!"). Sie sind auch der, der die falschen Programmierungen ändert.

Natürlich fühlen sich auch Perfektionismus, Kleinkundenkulanz und alle anderen Entscheidungsschwächen wie ein Teil von Ihnen an. Doch wenn es einen Teil von Ihnen gibt, der diese schädlichen Teile ändern kann und will, dann müssen Sie offensichtlich aus mehr bestehen als bloß aus Ihren falschen Regeln. Dieses Mehr nennen die Amerikaner „Observer Self", die Zen-Meister das „ichlose Ich" und die Mystiker des Abendlandes das transzendierende Bewusstsein. Wenn wir einen Teil in uns haben, der defekte Teile heilen will und kann, dann ist dieser „Arzt" ganz offensichtlich mehr (wert) als seine Patienten.
Oder ganz einfach: Probieren Sie's aus. Fangen Sie mit etwas Kleinem an. Wie Nadja. Die sagt: „Unter Stress mache ich es gerne ganz genau. Das ist eine glatte Fehlentscheidung! Denn das vergrößert den Stress doch nur! Unter Zeitdruck müssen die Sachen vor allem gut und schnell erledigt werden." Doch fast jeden Tag kurz vor der Mittagspause und kurz vor Feierabend gerät sie wieder in diese Torschlusshektik. Sie erinnert sich an drei, vier Ausnahmen und wie viel Spaß sie dabei hatte, rechtzeitig fertig zu werden und es trotzdem gut gemacht zu haben. Sie beginnt ihr Samu-

rai-Training und lässt die betreffenden Neuronen immer und immer wieder simultan feuern, um die betreffende Verknüpfung zu stärken („Neurons that fire together, wire together“). Am nächsten Tag hat sie nur noch halb so viel Stress vor Feierabend.

Hier ist Ihre Zeitmaschine

Warum hat Nadja vor dem nächsten Feierabend nur halb so viel Stress wie sonst? Wenn die Neuroplastizität so großartig ist, warum hat Nadja dann überhaupt noch Stress? Kommen Sie drauf?

Logisch: Weil es eine Sache ist, nach Feierabend mit hochgelegten Füßen ein Samurai-Training zu machen, und eine ganz andere, tatsächlich mitten im Feierabendstress zu stecken. Da funken so viele andere (Stör-)Neuronen dazwischen, dass viel Verkehr von der neuen Autobahn weggeleitet wird. Wenn die reale Situation das Samurai-Training stört, dann müssen wir eben die reale Situation ins Training einbeziehen. Jeder Leistungssportler kennt das. Das nennt man Training unter Wettkampfbedingungen.

Denken Sie an Einstein: „Es gibt keine unlösbaren Probleme!“ Skepsis ist schädlich.

Nadja sitzt zwar bequem in ihrem Wohnzimmersessel. Doch sie stellt sich den nächsten Arbeitstag und seinen Stress kurz vor Feierabend vor. Was passiert, wer was sagt, was sie dabei denkt, fühlt, sieht und hört. Sie ist sozusagen mittendrin (sie assoziiert). Dann kehrt sie geistig zurück in ihr Wohnzimmer (sie dissoziiert) und stellt sich vor, wie sie sich idealerweise im Feierabendstress verhalten möchte. Danach versetzt sie sich wieder mitten in den Stress und schaut, wie viel von ihrem Idealverhalten sie in die antizipierte Stresssituation hinüberretten kann. Diese Antizipation, diese Vorwegnahme der realen Situation spielt sie geistig so oft durch, bis es gefühlsmäßig für sie „passt" und bis ihr Verstand keine neuen Störfaktoren mehr identifiziert. Und prompt reduziert sich der Stress am nächsten Tag auf rund ein Zehntel. Dieses Verfahren verwenden übrigens alle Spitzensportler. Der Slalomläufer zum Beispiel geht vor dem Start mit geschlossenen Augen den ganzen Lauf durch, Tor für Tor, bevor er auch nur im Starthäuschen steht. Wer die Zukunft antizipiert, wird eine bessere haben.

Wenn Sie Ihre „neue Autobahn" zukunftstauglich machen, machen Sie sie auch gleich systemtauglich.

Fast alle Menschen, die mit oder ohne unsere Hilfe ihre Entscheidungsgewohnheiten ändern, berichten darüber, dass ihre Umwelt (Freunde, Bekannte, Vorgesetzte, Mitarbeiter, Kunden, …) darauf reagiert. Nicht immer positiv. Das muss so sein.

Das menschliche Nullsummenspiel

Jede Entscheidungsschwäche, die Ihnen einen Nachteil bringt, bringt jemand anderem einen Vorteil.

Menschen, die anderen zu viel Aufgaben abnehmen, werden von diesen natürlich sehr geschätzt; als nützliche Idioten. Perfektionisten werden gerne für Dinge eingesetzt, für die andere zu faul oder zu schlampig sind. Ferdinand ist bekannt bei allen Schnorrern unter seinen Kunden, die seine Kulanzgüte missbrauchen.

Keine gute Tat bleibt ungestraft
Wenn Sie sich zum Besseren verändern, erwarten Sie keine Zustimmung. Erwarten Sie Widerspruch.

Die Menschen behaupten zwar gerne: „Aber ich möchte doch nur dein Bestes!“ Doch wenn man sich dann tatsächlich zum Besseren verändert, fängt die Umwelt an zu toben. Ferdinand hat viele Kunden, die ihm vorwerfen: „Aber früher haben Sie das doch immer umsonst gemacht!“ Wenn dieser Widerspruch kommt, fallen viele Menschen rückwärts um und nehmen wieder die falsche Autobahn. Warum?
Die Antwort lautet: Weil sie offensichtlich einer falschen Entscheidungsregel aufsitzen, die besagt: „Mach nur das, was keinem wehtut.“ Bei Ferdinand beklagen sich fünf Kunden. Die fünfzehn, die sich bei ihm bedankt haben, nimmt er gar nicht bewusst wahr. Also kümmert er sich um diese falsche Entscheidungsregel und schreibt deren Autobahn um.

Alles ist möglich

„Wir benutzen nur 5 Prozent unseres Verstandes“, soll Einstein gesagt haben. Wie wahr. Wer das Prinzip der Neuroplastizität einmal erfasst hat, kann auch die restlichen 95 Prozent nutzen. In anderen Worten: Alles ist möglich.

Nehmen Sie nur einmal Ihre schlimmsten Panik-Entscheidungen: Vor welchen Entscheidungen haben Sie gerade am meisten Angst? Welche sind Ihnen unangenehm? In welchen Entscheidungsprozessen sind Sie blockiert? Welche schieben Sie schon viel zu lange auf? Bei welchen stellen Sie sich dumm an? Das sind die alten Autobahnen.

Suchen Sie nach dem Spaß-Hebel. Unter welchen Umständen haben Ihnen schon einmal auch nur halbwegs ähnliche Entscheidungen Spaß gemacht? In welchen halbwegs vergleichbaren Ausnahmefällen haben Sie solche Entscheidungen souverän und sicher getroffen? Das ist nun Ihr Trainingsmodell. Übertragen Sie es auf die anstehende konkrete Entscheidung und trainieren Sie wie ein Samurai. Sie werden sich wundern, was plötzlich alles möglich wird, was Sie bis vor Kurzem noch für unmöglich gehalten haben.

Sie können alles ändern ...

... sobald Sie die Bahnen Ihres Denkens ändern. Manchmal gelingt Ihnen eine große, manchmal eine kleine Änderung. Aber eine Änderung wird Ihnen immer gelingen.

Sicher und souverän entscheiden

Wovor fürchten wir uns am meisten beim Entscheiden? Davor, nicht **die richtige Entscheidung** zu treffen. Deshalb zögern wir Entscheidungen hinaus, liegen nachts wach oder fühlen uns hin- und hergerissen: Wir möchten die richtige Entscheidung treffen, uns sicher sein – aber wir wissen nicht wie!

Manchmal trösten uns Kollegen, Verwandte, Partner, Experten, Autoren, Ratgeber: „In einer unsicheren Welt gibt es eben keine sicheren Entscheidungen!" Das stimmt – doch welche Schlussfolgerung ziehen wir daraus?

Wenn wir Menschen beraten oder coachen, hören wir oft: „Ich weiß nicht, wie ich entscheiden soll! Alles ist so unsicher!" Wir fragen dann: „Stimmt. Alles ist unsicher. Was haben Sie unternommen, um diese Unsicherheit zu reduzieren?" Oft ist erstauntes Schweigen die Antwort.

Unsicherheit sollte nicht (nur) beklagt, sondern vor allem reduziert werden.

Warum kommen viele nicht auf den Gedanken? Weil sie noch vor der eigentlichen Entscheidung den häufigsten Entscheidungsfehler der Welt begehen: Sie erliegen einer Fehlannahme (siehe Kapitel 1). Sie nehmen (natürlich ganz unbewusst) an, dass Unsicherheit unabänderlich sei, dass Unsicherheit quasi sicher sei. Das ist eine klassische Fehlannahme.

Die Welt ist unsicher
Doch es gibt genügend Instrumente, die Unsicherheit zu reduzieren.

Betrachten wir einige davon.

So gehen Sie auf Nummer sicher

Beginnen wir das Thema Unsicherheit mit seinem Gegenteil: der (falschen) Sicherheit. Viele Menschen entscheiden deshalb falsch, weil sie sich einer Entscheidung zu sicher sind. Alle Käufer von isländischen oder von Lehman-Anleihen zum Beispiel waren sich „bombensicher", das Richtige zu tun – bis die Bombe platzte. Herr Schrempp war sich sicher, das Richtige zu tun, als er Chrysler kaufte. Präsident Bush war sich sicher, als er in den Irak einmarschierte. Wer sich zu sicher fühlt, liegt schon halb daneben. Wer keinen Sinn hat für Unsicherheit, entscheidet falsch.

Zu sicher ist genauso schlecht wie zu unsicher.

Sicherheit und Unsicherheit sind keine Gegensätze, sondern bilden ein Kontinuum: Der richtige Mix zwischen Sicherheit und Unsicherheit ist entscheidend.

Die gesunde Unsicherheit
Wer sich allzu sicher bei einer Entscheidung fühlt, sollte bewusst Unsicherheit erzeugen, indem er zum Beispiel den Advocatus Diaboli spielt oder Skeptiker befragt. Dabei entdeckt man schnell, was man eventuell übersehen hat.

Wer sich dagegen von vornherein unsicher fühlt, sollte für mehr Sicherheit sorgen. Leider spielt ihr Skript (siehe Kapitel 2) den meisten Menschen hier einen Streich. Wir erlebten dies in unseren frühen Jahren als Berater: Manager kamen zu uns, die sich wegen einer bestimmten Entscheidung sicherer fühlen wollten. Wir verwendeten dann oft Stunden und Tage darauf, die Entscheidungssicherheit zu steigern. Die Klienten bezahlten viel Geld dafür, fühlten sich jedoch hinterher oft immer noch unsicher. Bis wir eines Tages ein Instrument einführten, das wir Ihnen ganz zu Beginn Ihrer Unsicherheitsreduktion wärmstens ans Herz legen möchten:

Skalieren Sie Ihre Unsicherheit!
Beispielsweise von 0 bis 10 oder von 0 Prozent bis 100 Prozent. Sie können aber auch jede andere Skalierung wählen, die Ihnen entspricht.

Denken Sie an eine konkrete Entscheidung und schreiben Sie auf (das hilft besser), wo auf Ihrer persönlichen Unsicherheitsskala die Entscheidung liegt. Dann wenden Sie die erste Unsicherheits-Reduktionstechnik an (siehe unten). Danach skalieren Sie wieder. Richtig, das ist wieder ein ganz simpler, ganz trivialer Schritt. Ein kleiner Unterschied, der den großen Unterschied macht: Menschen, die vor und nach einer Intervention **nicht** skalieren, erleben oft keine oder nur eine unzureichende Zunahme der Sicherheit. Warum? Weil Ihnen das Perfektionismus-Skript (siehe Kapitel 2) dazwischenfunkt. Das Skript diktiert: „Fühl dich erst sicher, wenn auch die Entscheidung hundertprozentig sicher ist!" Weil es in einer unsicheren Welt jedoch keine hundertprozentige Sicherheit gibt, fühlen sie sich niemals sicher, entscheiden nicht (weil sie auf die totale Sicherheit warten) oder falsch (weil sie die Nerven verlieren oder zu konservativ entscheiden). Nicht, weil die Sicherheit nicht zugenommen hätte (das hat sie). Sondern weil sie die Zunahme **nicht bemerkt** haben. Wer dem Perfektionismus-Skript folgt, bemerkt diese Zunahme erst, wenn die Sicherheit 100 Prozent beträgt – also nie. Nur wer bemerkt (weil er/sie skaliert), dass und wie stark die Unsicherheit abgenommen hat, kann sicher und souverän entscheiden.

You can't manage what you can't measure.

Nicole zum Beispiel möchte einen neuen Fernseher kaufen. Einerseits haben fast alle ihrer Bekannten einen von den neuen Flatscreens. Andererseits liest sie bei Stiftung Warentest, dass die Flatscreen-Technologien bei Weitem nicht ausgereift seien. Beide Meinungen haben für Nicole gleiches Gewicht. Das Resultat ist – richtig, Sie haben es erraten – ein typisches Dilemma: Nicole ist hin- und hergerissen. Also greift sie zu ihrer ersten Unsicherheits-Reduktionstechnik.

Das Erste, was Sie tun sollten
Wenden Sie bei Dilemmata jene Unsicherheits-Reduktionstechnik an, die Sie normalerweise ganz automatisch anwenden würden.

Allerdings kommen Sie, wenn ein Dilemma vorliegt, meist nicht mehr selbstverständlich auf diese Technik, da unter Stress unsere kognitiven Automatismen oft nicht mehr automatisch funktionieren. Sie müssen quasi über die Handsteuerung aktiviert werden. Welches die Reduktionstechnik der ersten Wahl ist, ist von Mensch zu Mensch sehr verschieden. Wie sieht Ihre aus? Nicoles Technik klingt ganz simpel: Erst einmal einen Bekannten fragen, der sich damit auskennt. Also keinen Nutzer, sondern einen kleinen Experten. Doch, halt! Was muss Nicole unbedingt vorher noch machen? Richtig, skalieren: „Ich bin mir total unsicher, also zu 100 Prozent", sagt sie. Dann fragt sie ihren Bekannten Franz. Der sagt: „Die Flachen haben ein supergroßes Bild zu wirklich günstigen Preisen und schöne Farben. Die Dicken haben eine deutlich bessere Bildauflösung und weniger Verzeichnung vor allem bei schnellen Bewegungen, sind aber sehr viel kleiner beim selben Preis." Hilft das Nicole weiter? Würde es **Ihnen** zu einer sicheren Entscheidung verhelfen? Wenn Nicole jetzt nicht skalierte, würde sie ganz sicher sagen: „Danke, aber jetzt bin ich genauso schlau wie vorher!" Da sie aber skaliert, fällt sie nicht auf die falsche Skript-Gleichung „sicher = hundertprozentig sicher" herein, sondern kann sagen: „Ich weiß noch nicht, wie ich mich entscheide, aber ich habe nützliche Zusatzinformation bekommen. Meine Unsicherheit fällt auf 80 Prozent." Sie hätten für sich aber weniger (oder mehr) Reduktion gesehen? Auch richtig, doch bedenken Sie: Die Sicherheitsneigung jedes Menschen ist so individuell wie sein Fingerabdruck, und jede(r) muss selbst bestimmen, was für ihn wie sicher ist. Gleichzeitig hat uns Nicole mit einer zweiten Reduktionstechnik bekannt gemacht:

Reduzieren Sie Unsicherheit ...
... indem Sie aus mehreren zusätzlichen, unabhängigen und glaubwürdigen Quellen nachvollziehbare und verlässliche Zusatzinformationen beschaffen.

Das machen viele Menschen instinktiv. Resultat? Die einen reduzieren damit ihre Unsicherheit. Die anderen ernten lediglich Verwirrung: Je mehr Informationen einer hat, desto verwirrter ist er oder sie meist. Das heißt, die Info-Beschaffung reduziert die Unsicherheit nicht immer, sondern erhöht sie oft noch! Vor allem, wenn es um komplexe Anschaffungen geht, was in unserer überkomplexen Welt ja schon beim Kauf eines Staubsaugers gegeben ist. Da hilft nur eines:

Fragen Sie Ihren Mentor!
Fragen Sie nicht jemanden, der sich „damit auskennt". Fragen Sie jemanden, der sich nicht nur fachlich auskennt, sondern der Ihnen schon in der Vergangenheit nicht nur Informationen, sondern konkrete Entscheidungsempfehlungen gegeben hat, der die Dinge so erklärt, dass Sie sie verstehen, der geduldig auf Ihre Nachfragen reagiert und dessen Urteil Sie vertrauen. Für jedes Fachthema brauchen Sie einen eigenen Mentor.

Auch dieser Tipp ist trivial – aber: Entscheiden ist die Kunst, das Triviale zu tun, und auch Erfolg ist letztendlich trivial. Es kommt nicht darauf an, den Tipp zu kennen, sondern ihn anzuwenden. Nicole tut das nicht. Sie sagt: „Aber ich habe doch schon Franz gefragt und das hat nicht viel gebracht!" Das bleibt so stehen, bis ihre Mutter sie fragt: „Hast du schon mit Meike darüber gesprochen?" Nicole fällt es wie Schuppen von den Augen: Im Eifer des Gefechts, dem Stress der Unsicherheit oder dem Enthusiasmus vor Entscheidungen vergessen wir oft, dass wir jemanden kennen, der/die sich nicht nur damit auskennt, sondern der/die allen Mentoren-Anforderungen genügt. Jeder kennt einen solchen Menschen oder jemanden, der wiederum einen solchen

Menschen kennt. Das ist statistisch erwiesen. Wir sind nur meist zu faul oder zu gestresst, um daran zu denken.
Als Nicole endlich zu Meike geht, sagt diese auch prompt: „Aber Nicole, du siehst dir doch so gerne Beach-Volleyball und Bodenturnen an. Entweder du bezahlst das Doppelte von dem, was du bislang ausgeben willst, um einen Flatscreen zu bekommen, der die schnellen Bilder nicht hässlich verzeichnet, oder du kaufst für die Hälfte einen guten alten dicken TV." Damit ist alles klar beziehungsweise: „20 Prozent Unsicherheit nur noch", sagt Nicole verblüfft und erleichtert zugleich. „Aber diese 20 Prozent reduziere ich selber, weil ich mir nicht wirklich vorstellen kann, so viel Geld für die Glotze auszugeben." Das Entscheidungsproblem ist gelöst. Meike hat es gelöst. Fragt sich bloß: Wie?

Was das Wichtigste ist

Was macht Franz? Er schüttet Nicole mit Informationen zu. Was macht Meike? Sie sagt Nicole nur das, was für Nicole das Wichtigste ist.

Komplexitätsreduktion ist Unsicherheitsreduktion.

Das kann Franz nicht. Das kann nur ein Mentor. Nur ein Mentor kennt Sie so gut, dass er mit hoher Sicherheit sagen kann, was das Wichtigste für Sie ist. Für Nicole ist es ihr geliebter Sport. Das weiß Meike und kann daher eine maßgeschneiderte Empfehlung aussprechen. Dazu sind

Mentoren da. Das macht sie aus, im Gegensatz zu Experten. Das ist der Grund, warum wir (schlechten) Verkäufern nicht vertrauen: Sie kennen nur ihr Produkt. Sie kennen aber das Wichtigste eines Verkaufsgesprächs nicht: uns und unsere Prioritäten.

Nehmen Sie sich eine Entscheidung vor, bei der Sie unsicher sind. Wie unsicher? Wo auf der Skala? Bitte notieren Sie die Zahl auf einem Blatt Papier oder gleich hier auf dem Seitenrand. Und nun fragen Sie sich bitte, was bei dieser Entscheidung das Wichtigste für Sie ist. Es dürfen ruhig ein bis drei Punkte sein. Was wollen Sie hauptsächlich mit dieser Entscheidung erreichen? Was wollen Sie hauptsächlich mit ihr vermeiden, verhindern, beenden? Welcher Skalenpunkt ergibt sich beim Gedanken daran? Bitte ebenfalls notieren. Erkennen Sie eine Veränderung der Skalierung?

Ein Paartherapeut verriet uns einmal, dass die meisten Beziehungen unter völliger Vernachlässigung des Wesentlichen eingegangen werden: „Jede Woche habe ich fünf Männer in der Praxis, die sich für eine Partnerin wegen ihrer Attraktivität entschieden haben – obwohl ihnen andere Dinge wie Verständnis oder Treue viel wichtiger sind und sie das zum Zeitpunkt ihrer Fehlentscheidung eigentlich hätten wissen müssen." Warum wussten sie es aber nicht? Weil sie sich angesichts der attraktiven Dame nie gefragt haben, was ihnen am Wichtigsten in einer Beziehung ist. Frauen geht es hinsichtlich der Versorgerqualität von Männern ähnlich: Was nützt der beste Versorger, wenn frau nicht mit ihm reden kann?

Das Top-Priority-Kriterium gilt universell. Selbstverständlich auch im Business. Wenn Unternehmer von uns zum Beispiel wissen wollen, ob sie auslagern, also Outsourcing oder Offshoring betreiben sollen, fragen wir sie immer erst: „Was ist Ihnen denn das Wichtigste bei dieser Entscheidung?" Die meisten Antworten lauten spontan: „Natürlich Kosten einsparen!" Daraufhin haken wir nach: „Wirklich?" Die Schnellen kommen von sich aus drauf. Die etwas Langsameren brauchen etwas Anschubhilfe, indem wir zum Beispiel fragen: „Wenn es nur um die Kosten geht, dann könnten wir Ihnen jetzt einen Scheck über zwei Millionen ausstellen und alle Ihre Probleme wären gelöst?" Nach einigen Sekunden, in denen der Manager zum ersten Mal ernsthaft darüber nachdenkt, was ihm wirklich das Wichtigste ist, hat sich seine Meinung in der Regel geändert: „Nein, so schön das wäre. Aber selbst mit zehn Millionen wären unsere Produkte immer noch veraltet, unsere Prozesse zu langsam, unsere Lieferflexibilität zu gering und unsere Mitarbeiterqualifikation zu schwach." Und Offshoring würde diesen strategischen Punkten helfen? Nie im Leben. Es senkt Kosten (manchmal), aber es stützt diese Strategie nicht oder nur unwesentlich.

Mehr hilft mehr
Nehmen Sie die Techniken zur Unsicherheitsreduktion, die Sie in diesem Kapitel kennenlernen, und wenden Sie mehrere auf Ihre konkrete Unsicherheit an.

Reality Check

Eine der hilfreichsten Reduktionstechniken ist der Reality Check. Wenn wir eine Entscheidung getroffen haben, atmen wir meist erleichtert auf. Wir übersehen dabei oft: Wichtig ist eine gute Entscheidung – viel wichtiger jedoch ist eine gute Realisation der Entscheidung. Weil diese so viel wichtiger ist, dient sie gleichzeitig als Mittel zur Steigerung der Entscheidungssicherheit.

Reduzieren Sie Unsicherheit ...
... indem Sie die besten Entscheidungsoptionen bis in die letzte Konsequenz durchspielen.

Hannelore, 42 Jahre, Geschäftsführerin, hat zum Beispiel die Chance, Ölpumpen und andere Motorenteile zum halben Preis aus Malaysia zu bekommen. Das würde ihrem Familienunternehmen einerseits immens helfen, vor allem in der aktuellen Branchenkrise. Andererseits hört sie so viel Schlimmes über das Low Cost Country Sourcing, also den Einkauf in Billigländern. Daher beschließt sie, eine Auslandsentscheidung von vorne bis hinten durchzuspielen. Wenn sie sich für Malaysia entscheidet: Wer übernimmt die Logistik? Wer die Qualitätssicherung? Werden dafür zusätzliche Kapazitäten benötigt? Verfügt ihre Einkaufsabteilung überhaupt über das Know-how für den malaysischen Markt? Und so weiter. Je weiter sie den potenziellen

Einkauf in Malaysia von vorne bis hinten überdenkt, desto sicherer wird sie in ihrer Entscheidung.
Am Ende ihrer kleinen Simulation sagt sie: „Malaysia ist zwar immens preisgünstig. Aber zum jetzigen Zeitpunkt ist weder unser Einkauf in der Lage, das in großem Umfang zu stemmen, noch ist der Lieferant fähig, jene Supply Chain Flexibility zu garantieren, die unsere Kunden brauchen."
Das ist eine Überraschung. Denn noch drei Wochen zuvor kam ein Meeting der erweiterten Geschäftsführung zum genau gegenteiligen Ergebnis. Warum?

Meetings produzieren Fehlentscheidungen!
Was machen viele Manager, wenn sie Bauchschmerzen vor einer Entscheidung haben? Sie berufen ein Meeting ein, damit die Schuld für eine eventuelle Fehlentscheidung auf viele gleichmäßig verteilt werden kann.

Das funktioniert auch. Leider kann ein Meeting nicht das verhindern, wogegen man sich absichern möchte: Wer seine Entscheidungsvorbereitung darauf beschränkt, sich gegen Fehlentscheidungen abzusichern, erntet Fehlentscheidungen. Besser ist es, gleich richtig zu entscheiden. Nämlich solo. Ein Meeting ist eine wunderbare Gelegenheit, Informationen und Empfehlungen einzuholen. Doch entscheiden muss danach einzig und allein der Entscheider. Tut er es nicht, fehlt der Entscheidung das wesentliche Kriterium: Verantwortung. Ein Meeting ist ein „sozialistisches"

Planungsinstrument: Viele reden, keiner übernimmt die Verantwortung. Der Sozialismus ist zwar gescheitert, doch hat er uns unbeabsichtigt ein makelloses Reduktionsinstrument hinterlassen:

Unsicherheits-Reduktion für Manager
Fragen Sie sich: Würde ich diese Entscheidung auch mit meinem eigenen Geld treffen?

Hätten sich das die Bankmanager in aller Welt gefragt, bevor sie US-Schrotthypotheken kauften, hätten sie nicht die jüngste Weltwirtschaftskrise verbrochen. Wenn Sie einwenden, dass die Manager keine Wahl hatten, weil sie von ihren Vorständen, Eignern und Investoren dazu gezwungen wurden, irrsinnige Renditeziele zu verfolgen, die nur mit hoch riskanten Geschäften unter Ausbeutung der eigenen Kunden zu erreichen waren – dann haben Sie natürlich recht und ein weiteres Instrument der Unsicherheits-Reduktion entdeckt:

Reduzieren Sie Unsicherheit ...
... indem Sie sich fragen, was die moralisch richtige Entscheidung wäre.

Verlassen Sie sich dabei auf Ihre eigene Moral. Sie können immer noch die falsche, unmoralische Entscheidung treffen, wenn Ihr Vorgesetzter Sie dazu zwingt. Aber wenigstens sind Sie sich dann dabei absolut sicher, was richtig und was falsch ist. Das ist im Notfall immer besser, als unter Unsicherheit eine Fehlentscheidung zu treffen.

Leider haben wir bei unserem Realitäts-Check den wichtigsten Aspekt der Realität bislang unterschlagen: Wer bezahlt die Rechnung?

Quantitative Entscheidungsvorbereitung

Wir haben gesagt: Eine der besten Arten, sich einer Entscheidung sicher zu werden, ist der Reality Check, das Durchspielen einer Option in allen erdenklichen Konsequenzen. Es müsste sich eigentlich von selbst verstehen, dass dies in der realen Welt anhand realer Preise und Kosten geschehen müsste. Leider tut es das nicht.

Bestes Beispiel ist die Globalisierung. Bis vor Kurzem war Low Cost Country Sourcing, also der Einkauf in Billigländern, die vorgebliche Wunderwaffe der Unternehmen und der Grund für die explodierende Globalisierung. Inzwischen gilt der Begriff als Schimpfwort: Die sogenannten Billigländer haben sich als teure Kostenfallen erwiesen. Warum? Weil die Manager falsch gerechnet haben. Natürlich: Auf dem Preisschild eines asiatischen Produktes steht oft nur die Hälfte vom Westpreis. Doch Preis ist nicht gleich Kosten. Bei ihrer mangelhaften Rechnung übersahen die Manager reihenweise die Logistikkosten plus die Kosten des Schutzes des geistigen Eigentums, der Qualitätssicherung, die explodierenden Personalkosten in den Schwellenländern – und so weiter. Und was für Manager gilt, gilt für jeden Auto- oder Hauskauf, für jeden Urlaub und alle anderen Entscheidungen des täglichen Lebens:

Reduzieren Sie Unsicherheit ...
... indem Sie alle Konsequenzen einer Option nicht nur gedanklich (qualitativ) durchspielen, sondern anhand von Preisen und Kosten auch in Heller und Pfennig quantifizieren.

Wenn es sich dabei um eine neue Beziehung oder eine andere überwiegend qualitative Entscheidung handelt, passt das Zahlenwerk dahinter auf einen Bierdeckel (es sei denn, Sie müssen den aufwendigen Lebensstil Ihres neuen Partners finanzieren). Wenn nicht, wenn also die zahlenmäßige Vorbereitung Ihrer Entscheidung viel Aufwand macht, dann stöhnen Sie nicht, sondern seien Sie dankbar: mehr Zahlen, mehr Transparenz, mehr Sicherheit.

Bestes Beispiel dafür ist die Eigenheim-Diskussion. Wohneigentum ist besser als zur Miete wohnen – das haben bislang alle Experten behauptet, vor allem die der Banken. Inzwischen zeigen neutrale Modellrechnungen, dass das so nicht stimmt. Viele Mieter fahren finanziell besser als Wohneigentümer – und sind flexibler. Selbst das Argument der Altersvorsorge sticht nicht: Wenn bald Millionen Senioren ihre Häuser und Wohnungen liquidieren, um sich das Altersheim leisten zu können, fallen die Immobilienpreise in den Keller. Diese Preise sind ja jetzt schon ziemlich unattraktiv. Warum hat das bislang keiner gesagt oder gesehen? Weil es bislang keiner wirklich nachgerechnet hat.

Wer richtig rechnen kann, trifft die richtigen Entscheidungen.

Sie können aber nicht gut rechnen, meinen Sie? Unsinn! Wer die Grundrechenarten beherrscht, rechnet besser als die meisten Manager. Die schafften es bislang nämlich mehrheitlich nicht, bei ihren Auslandsabenteuern so simple Rechnungsposten wie die Transportkosten oder die lokalen Verwaltungskosten ins Kalkül mit aufzunehmen. Aus Erfahrung können wir sagen: Bestimmt können Sie besser rechnen als die meisten Wirtschaftsbosse – und das reicht.

Alle wichtigen Entscheidungen sind unsicher

Das ist normal. Genauso normal sollte es für Sie jetzt werden, diese anfängliche Unsicherheit mit den beschriebenen (und eigenen) Instrumenten so weit zu reduzieren, dass Sie guten Gewissens und souverän eine Entscheidung treffen können, mit der Sie gut leben können.

Leichter entscheiden

Manche Entscheidungen fallen schwer. Das ist sicher einer der Gründe, warum Sie dieses Buch in Händen halten. Sie möchten wissen, wie Sie schwierige, komplizierte und komplexe Entscheidungen nicht nur fällen, sondern sie **richtig** fällen.

Wenn Ihnen eine Entscheidung schwerfällt ...
... machen Sie es sich leicht(er)!

Zugegeben, dieser Rat widerspricht dem spontanen Impuls der meisten Menschen: Wenn sie vor einer schwierigen Entscheidung stehen, krempeln sie die Ärmel hoch, knien sich rein, recherchieren tagelang, grübeln nächtelang, führen Pro-und-Contra-Listen, analysieren und revidieren. Sogar Sprichwörter unterstützen dieses Vorgehen: „So eine Entscheidung darf man nicht auf die leichte Schulter nehmen! Das darf man nicht übers Knie brechen oder leichtfertig entscheiden!“

Viele „gute Ratschläge“ zur Entscheidungsfindung sind alles andere als gut.

Wenn Sie solchen Ratschlägen schon einmal gefolgt sind, werden Sie etwas Seltsames festgestellt haben: Ihre Entscheidung wurde dadurch nicht leichter. Vielleicht haben Sie das der Entscheidung selbst angelastet. Wir möchten eine andere

Erklärung anbieten: Wenn Sie sich eine schwere Entscheidung schwer machen, wird sie noch schwerer. Wenn sich die ganze Mühe wenigstens lohnen würde! Aber das tut sie nicht. Wer es sich schwer macht, belastet sich nicht nur selbst, sondern verschlechtert auch die Entscheidung selbst. Das Gegenteil klingt zwar etwas verrückt, doch es trifft zu:

Wer sich schwere Entscheidungen leicht macht ...
... trifft auch die bessere Entscheidung.

Das ist ein Tipp für Fortgeschrittene – zu denen Sie zählen. Immerhin haben Sie an dieser Stelle bereits vier Kapitel Entscheidungskunst intus. Ein Anfänger würde sich eine schwere Entscheidung leicht machen, indem er Fakten unterschlägt, ignoriert oder schönredet, die Entscheidung übers Knie bricht oder einfach nur aus dem Bauch heraus entscheidet (ohne seine Intuition intellektuell zu kultivieren). Ein halber Profi, wie Sie bereits einer sind, wird dagegen möglichst viele der folgenden Tipps und Kniffe anwenden, um ein Paradoxon zu realisieren:

Paradoxe Entscheidungstechnik
Es gibt Techniken, die Entscheidungen nicht nur leichter, sondern auch besser machen.

Probieren Sie möglichst viele der folgenden Tipps.

Je einfacher, desto besser

Eine der verblüffendsten Entscheidungshilfen betrifft nicht Ihren Kopf, sondern Ihren Körper:

Bewegen Sie sich!
Bewegung macht Entscheiden leichter und besser.

Die meisten Entscheidungen werden im Sitzen oder im Stehen getroffen. Der Kreislauf steht praktisch, das Gehirn kriegt kaum Sauerstoff und zahlreiche Muskeln sind verspannt. In dieser Lage schlägt sich unser körperlicher Zustand negativ auf unsere Entscheidungen nieder: Sie sind tendenziell zu schlaff, zu pessimistisch, zu konservativ, zu vorsichtig, zu einseitig, zu kompliziert, zu überladen, zu rigide. Das brauchen Sie nicht blind zu glauben: Testen Sie es einfach einmal!

Denken Sie an irgendeine Entscheidung, die Sie aktuell treffen sollten oder müssten. Notieren Sie im Kopf oder noch besser schriftlich, in welche Richtung Sie tendieren und vor allem, was Sie beim Gedanken an die Entscheidung verspüren. Und dann schreiten Sie zweimal flott um den Block oder laufen Sie die Treppen ein paar Stockwerke hoch und runter oder gehen Sie joggen, radeln oder schwimmen. Dabei und danach reflektieren Sie wieder Ihre Entscheidungstendenz und Ihr Gefühl. Beides hat sich verändert. Spürbar. Was logisch ist, wie wir in Kapitel 2 gesehen haben: Unsere Entscheidungen werden nicht vom Verstand, sondern von unserem Gefühlszentrum ausgelöst. Und Gefühle lassen sich hervorragend durch Bewegung beeinflussen, was wissenschaftlich bewiesen ist.

In einem Experiment zu diesem Phänomen ließen US-Forscher Versuchspersonen (allesamt Studenten) vorgeblich Kopfhörer testen. Der ersten Gruppe trugen sie auf, beim Hören den Kopf hin und her zu schütteln. Die zweite Gruppe sollte ihren Kopf auf und ab bewegen, die Kontrollgruppe sollte ihn ruhig halten. Was die Probanden nicht wussten: Es ging nicht darum, ob die Kopfhörer auch bei Bewegungen das Radioprogramm verzerrungsfrei wiedergaben. Was die Testpersonen vielmehr über Kopfhörer anhörten, war eine Radiosendung zu Studiengebühren. In dieser Sendung forderte ein Kommentator, dass die Studiengebühren drastisch erhöht werden sollten. Danach wurden die Versuchspersonen gefragt, was ihrer Meinung nach die optimale Höhe der Studiengebühren wäre.

Wie der Wissenschaftsautor Malcolm Gladwell in seinem Bestseller **The Tipping Point** berichtet, gab die Kontrollgruppe, die den Kopf ruhig halten musste, im Schnitt 582 Dollar an – also ungefähr so viel, wie die Gebühren tatsächlich betrugen. Die Kopfschüttler gaben im Schnitt 467 Dollar an – viel weniger, als sie für ihr eigenes Studium bezahlten. Die Kopfnicker waren bereit, 646 Dollar zu bezahlen, also 64 Dollar mehr, als sie tatsächlich an ihre Universität entrichteten. Nicht, weil sie mehr Geld gehabt hätten oder glaubten, dass höhere Gebühren den Unterricht besser machen würden. Sondern weil sie mit dem Kopf genickt hatten. Bewegung beeinflusst Entscheidung.

Wer Entscheidungen im Sitzen fällt ...
... trifft in der Regel zu pessimistische, zu vorsichtige und zu konservative Entscheidungen. Wer sie buchstäblich atemlos vor hektischem Herumrennen fällt, entscheidet tendenziell zu optimistisch, unvorsichtig, wagemutig.

Deshalb haben viele große Denker und Philosophen der Weltgeschichte den kontemplativen Spaziergang gepflegt: optimale Bewegung für optimale Entscheidungen. Aus demselben Grund gibt es in vielen Klöstern sogenannte Wandelgänge. Deshalb machen erfahrene Manager vor der großen Entscheidung eine Meeting-Pause: „Beine vertreten." Der Kopf wird dabei frei, die Entscheidung besser. Ein Vorstandsmitglied verriet uns einmal: „Ich misstraue jeder Entscheidung, die ich im Sitzen gefällt habe!" Klingt absurd? Probieren Sie es aus! Ein ähnlich verblüffend einfacher Tipp zur Vereinfachung und Verbesserung von Entscheidungen ist folgender:

Die Buddha-Frage
Fragen Sie sich: Was passiert (schlimmstenfalls), wenn ich die Entscheidung (wie Buddha weise lächelnd) einfach aussitze und nicht entscheide?

Die meisten Entscheidungen, die uns Probleme machen, werden uns nämlich aufgedrängt – meist ohne dass wir es so richtig wahrnehmen. Wir werden förmlich zu einer Entscheidung gezwungen. Wäre es da nicht viel logischer, sich zunächst einmal diesem Zwang zu entziehen?
Vorsicht: Buddha rät nicht, eine Entscheidung zu **verdrängen**. Sondern vielmehr ganz bewusst gedanklich die Folgen einer Nicht-Entscheidung durchzuspielen und danach mit wachen Augen einzuschätzen, ob diese Folgen tatsächlich so wahrscheinlich und gravierend sind, wie wir unbewusst oft unterstellen. Das verblüffende Ergebnis kennt jede Sekretärin: „Ich lasse bestimmte Vorgänge zwei, drei Tage liegen, bevor ich mich zu deren Bearbeitung entscheide – die Hälfte davon erledigt sich in dieser Zeit von alleine." Weil sie von der Aktualität überholt werden, es sich der Chef anders überlegt, etwas Wichtigeres dazwischenkommt …
Das Buddha-Prinzip ist die Basis jeder guten Beziehung. Elvira erzählt: „Wenn sich ein Ehepartner früher danebenbenommen hat, dann hat der andere ihm einfach zwei, drei Tage Zeit gegeben, sich wieder einzukriegen und eine Klärung herbeizuführen. Danach hat man sich meist wieder vertragen. Heutzutage packen die Männer und Frauen gleich beim kleinsten Anlass sofort die Koffer." Das ist eigentlich immer ein Fehler: Wer entscheidet, wenn eigentlich (noch) nicht entschieden werden sollte, entscheidet zwangsläufig falsch. Nicht-Entscheiden ist immer dann angesagt, wenn wir total aus dem Häuschen sind, zu emotional, zu aufgeregt sind, wenn uns der Affekt in den

Fängen hat, wir von anderen unter Druck gesetzt werden oder wir uns unschlüssig sind. In allen diesen und vielen anderen Fällen sollten Sie den Mut haben, zu sagen: „Ich entscheide, dass ich (jetzt noch) nicht entscheide." Aber verpassen Sie dann nicht vielleicht eine Gelegenheit?

Nehmen wir an, Sie haben ein wirklich tolles Job-Angebot – noch dazu in diesen unsicheren Zeiten! Es ist ein über jeden Zweifel erhabenes Angebot. Andererseits finden Sie Ihren jetzigen Job auch ganz gut. Sie haben praktisch die Wahl zwischen gut und gut. Zwischen altem Gutem und neuem Gutem. Sie grübeln, sind hin- und hergerissen, Sie stecken im Dilemma! Wenn Sie jetzt die Buddha-Frage stellen und entscheiden, nicht zu entscheiden, könnten Sie den Job Ihres Lebens verpassen! Was tun? Hier hilft der Tipp eines Nobelpreisträgers:

Der Feynman-Tipp

Wenn zwei Optionen absolut gleich (un)attraktiv sind und alle Recherche keiner ein Übergewicht verleiht und Sie schon viel zu lange in diesem Dilemma festhängen, entscheiden Sie sich aus dem Bauch heraus für jene, die sich besser anfühlt, und – das ist das Wichtigste! – streichen Sie die andere Option aus Ihrem Gedächtnis!

Der Tipp hat seinen Namen vom Physiknobelpreisträger Richard P. Feynman, der in jungen Jahren zwei gleichwertige Angebote von zwei gleichwertigen Spitzenuniversitäten bekam. Das Dilemma raubte ihm die Nachtruhe, bis sich eines Tages sein Bauch durchsetzte – bei einem Kopfmenschen, wie es Nobelpreisträger sind, eine erstaunliche Wendung: Er beschloss, sich für das Angebot zu entscheiden, bei dem er das bessere Gefühl hatte, und nie wieder an das andere zu denken.

Aber wenn das andere viel besser gewesen wäre? Genau diese Täuschung durchschaute Feynman: Wenn wir A wählen und A sich nach einiger Zeit nicht als so großartig herausstellt, werfen wir uns natürlich vor, nicht B gewählt zu haben. Wir übersehen jedoch dabei, dass wir auch bei B nach gewisser Zeit ein Haar in der Suppe gefunden hätten! Weil nichts im Leben perfekt ist, auch und erst recht nicht die Alternative einer Option. Daher dürfen wir bei zwei absolut gleichwertigen Optionen ruhig unserem Bauch die Entscheidung überlassen – sofern wir danach die verworfene Option aus unserem Verstand verbannen, damit sie uns nicht länger verrückt machen kann. Auch das gehört zur Entscheidungsstärke: Eine Entscheidung zu fällen und dann zu ihr zu stehen, komme, was wolle, und keinen zweiten Gedanken mehr an sie zu verschwenden. Das ist leichter gesagt als getan? Auch dafür gibt es eine Hilfe:

Wenn Sie Zweifel plagen,
nachdem Sie eine Entscheidung getroffen haben, fragen Sie: Gibt es gute Gründe, die eine Revision meiner Entscheidung nahelegen?

Wenn ja, grübeln Sie nicht, sondern revidieren Sie! Wenn nein, grübeln Sie nicht, sondern vergessen Sie Ihre Zweifel – bis zur nächsten Revision. Das ist nicht immer leicht. Doch das ist Entscheidungsstärke: Entscheiden – und danach nicht mehr zurückzublicken.
Oliver, ein Seminarteilnehmer, sagte an dieser Stelle einmal: „Ich müsste eigentlich abnehmen, öfter joggen gehen. Aber mein Bauch sagt mir ganz oft: Bleib auf dem Sofa liegen! Soll ich bei diesem Dilemma auch meinem Gefühl vertrauen?“ Ja, aber dem richtigen.

Unterscheiden Sie zwischen angenehm und gut!
Das heißt zwischen dem, was Ihnen Lust bereitet und dem, was Ihnen guttut. Beides sind Gefühle.

Natürlich springt unser Lustzentrum an, wenn wir auf dem Sofa liegen bleiben. So ist der Mensch programmiert: Sein Lustzentrum steuert sein Verhalten – wenn wir den Verstand nicht einschalten. Der Verstand sagt: „Auf dem Sofa ist es schön – aber tut dir das auch gut?“ Ausgerechnet viele Ingenieure schwören auf diese Entscheidungstechnik. Einer erzählte uns einmal: „Unsere Kunden haben oft keine Ahnung von Technik – klar, die Ingenieure sind ja wir. Wenn wieder so ein Kunde kommt und etwas Unmögliches will, dann habe ich oft größte Lust darauf, ihm einfach zu sagen, dass er ein Rad ab hat. Aber das würde weder ihm noch mir noch der Firma letztendlich guttun.

Also entscheide ich mich für das, was uns guttut." Woher wissen Sie, was Ihnen guttut? Für Unternehmen wie für Individuen beantwortet diese Frage die Strategie.

Die Strategie-Frage
Setzt meine Entscheidung meine Strategie um?

Erstaunlich viele Entscheidungen werden gegen die ureigensten Interessen getroffen. Erst kürzlich waren wir in einem Unternehmen, dessen Geschäftsführer uns stolz berichtete, dass er seine Kosten in einem bestimmten Marktsegment um 20 Prozent reduzieren konnte. Wir fragten etwas verwundert, warum er uns dann geholt habe. Es stellte sich heraus, dass der Umsatz eingebrochen war. Trotz der 20 Prozent Kostenreduktion? Nein, gerade deswegen: Das Unternehmen war von seinen Kunden lange Jahre als Qualitätsführer wahrgenommen worden. Seit es jedoch billig einkaufte, war die Qualität im Vergleich zum Wettbewerb gesunken.
Das Unternehmen hatte sich taktisch für billigen Einkauf entschieden, obwohl es strategisch auf Qualitätsführerschaft ausgerichtet war. So trifft man Fehlentscheidungen. Leider ist das eher die Regel als die Ausnahme, was auch mit der funktionalen Struktur von Unternehmen zu erklären ist: Die Abteilungen machen, was sie wollen, und verfolgen Abteilungsinteressen, nicht Unternehmensinteressen. Es sei denn, jemand setzt die strategische Ausrichtung

bei allen Entscheidungen konsequent durch. Sie stöhnen innerlich auf? Weil es wahnsinnig viel Arbeit macht, die sturköpfigen Abteilungsfürsten an die Kandare zu nehmen? Dann kennen Sie bestimmt noch nicht:

Die Aufwands-Falle
Wenn Ihnen Entscheidungen schwerfallen, liegt es möglicherweise daran, dass Sie Aufwand, Risiko oder Ressourceneinsatz überschätzen.

Neulich sagte eine gute Bekannte: „Mensch, ich muss noch den ganzen Haushalt aufräumen! Wenn ich das doch bloß schon hinter mir hätte. Ich habe eigentlich gar keine Lust dazu." Das heißt: Sie hätte am liebsten alles liegen lassen. Unsinnigerweise: Denn als wir sie fragten, wie lange die ganze Operation denn ungefähr dauern würde, blickte sie erstaunt. Offensichtlich hatte sie sich das noch nicht überlegt, sondern ihr war schon allein der Gedanke an die Hausarbeit zuwider. Als sie die Einzeltätigkeiten und den Zeitbedarf dafür zusammenzählte, kam sie auf gerade mal eine Stunde! Sie wunderte sich selbst: „Also wegen einer mickrigen Stunde fällt mir das so schwer? Da habe ich aber reichlich überreagiert."
Wer seine eigene gefühlsmäßige Überreaktion kennt, kann den Affekt mit dem Intellekt kultivieren. Das meinten die alten Griechen mit „Erkenne dich selbst". Wer um seine spezifische Neigung zur Fehlentscheidung weiß, kann diese

kompensieren. Und wenn nicht? Was ist, wenn wir unsere Gefühle falsch einschätzen? Wenn wir tatsächlich falsch entscheiden? Auch das ist nicht schlimm.

Es gibt keine falschen Entscheidungen

Wir haben Ihnen empfohlen, sich schwere Entscheidungen leicht(er) zu machen. Diesen Rat dürfen Sie ruhig in sein Extrem treiben und auf das anwenden, was Sie bei Entscheidungen am meisten fürchten: die Fehlentscheidung. Nehmen Sie auch eine Fehlentscheidung leicht. Verwirrend? Lassen Sie uns das erklären.

Da wir seit Jahrzehnten das Entscheidungsverhalten von Menschen, Managern und Unternehmen untersuchen, fiel uns schon früh auf: Manche Menschen zweifeln selbst dann noch an ihren Entscheidungen, wenn diese sich längst objektiv und sachlich als richtig herausgestellt haben. Nena zum Beispiel sagt: „Ja, klar, sieht so aus, als ob ich richtig entschieden hätte. Aber weiß man das so genau? Wer weiß, was noch nachkommt!" Dann wiederum gibt es Menschen, denen ganz offensichtliche Fehlentscheidungen nichts ausmachen. Klaus meint: „Klar, das war ein Fehler. Das weiß ich heute. Damals wusste ich es nicht. Also konnte ich damals gar nicht anders entscheiden." Wir haben uns lange gefragt, was beide Gruppen voneinander unterscheidet. Es ist ihre Einstellung:

Die souveränsten Entscheidungen ...
... treffen jene, die sich selbst das Recht auf Fehlentscheidungen zugestehen.

Culpa vacare maximum est solacium, sagt der Lateiner: Frei zu sein von Schuld ist der größte Trost. Klaus sieht seine Fehlentscheidung – aber da er es damals nicht besser wusste, hat er praktisch richtig entschieden, auch wenn das Falsche dabei herauskam! Wenn Sie das für Selbstbetrug und Schönfärberei halten, liegen Sie nicht falsch. Der springende Punkt jedoch ist: Furcht vor Fehlentscheidungen macht Fehlentscheidungen wahrscheinlicher und obendrein belastender.

Wer sich vor Fehlentscheidungen fürchtet, geht falsch mit Fehlentscheidungen um.

Wer konstruktiv, erwachsen und reif mit Fehlentscheidungen umgehen kann, trifft leichter und besser Entscheidungen und rappelt sich nach (seltenen) Fehlentscheidungen schneller wieder auf.

In letzter Konsequenz konstituiert dieser Sachverhalt ein Paradoxon: Sie sollten sich nicht so viel um das kümmern, was in schlauen Büchern über Entscheidungskunst steht, und nach reiflicher Überlegung einfach entscheiden – zur Hölle mit den Konsequenzen! Doch um diesen Rat zu befolgen, müssen Sie natürlich erst ein Buch lesen, das Ihnen diesen gibt. Paradox, wie gesagt.

Die Furcht vor Fehlentscheidungen ist eines der größten Übel beim Entscheiden. Wann sind Sie besonders anfällig für diese Furcht?

Furchtlos entscheiden

In Vorzeiten fürchteten sich die Menschen vor Blitz und Donner. So sehr, dass sie beide für Gottheiten hielten. Warum? Weil sie diese Naturphänomene nicht verstanden. Heute fürchten sich kaum mehr Menschen vor einem Gewitter, da bereits Schulkinder das Prinzip Elektrizität kennen.

Das Buffett-Kriterium
Versuchen Sie das, worüber Sie entscheiden müssen, zu verstehen.

90 Prozent der Banker, die in den letzten Jahren Milliardenverluste gemacht haben, hatten die Anlagen, mit denen sie verloren, nicht verstanden. Das sagen die Banker übrigens selbst. Das heißt: Wer das versteht, worüber er entscheidet, entscheidet nicht nur besser, sondern auch leichter: Er muss sich keine Sorgen machen.
„Aber wenn ein Chirurg uns zu einer komplizierten Operation rät, dann verstehe ich das doch nicht! Ich bin doch kein Chirurg!" Ersetzen Sie den Chirurgen durch den Bankberater und Sie haben die Erklärung für die letzte

Wirtschaftskrise. Es gibt das Internet, es gibt Bücher, es gibt zweite Meinungen: Alles, was auf der Welt existiert, können Sie mit wenig Aufwand so recherchieren, dass Sie es zumindest weitaus besser verstehen, als wenn Sie sich allein auf Expertenrat verlassen. Sie sollen selbst kein Experte werden, obwohl das oft leicht ist. Sie sollen lediglich **verstehen**. Je mehr Sie verstehen, desto weniger werden Sie fürchten und desto eher eine bessere Entscheidung treffen. Aber manche Dinge sind doch wirklich unglaublich kompliziert? Dann machen Sie sie einfacher:

Die Ein-Satz-Technik
Wenn Sie vor einer richtig komplexen Entscheidung stehen, fragen Sie sich: Worauf läuft sie in einem Satz formuliert hinaus?

Diese simple Frage ist ein sehr einfaches und sehr wirksames Instrument der Komplexitätsreduktion, das immer funktioniert. Arthurs Firma zum Beispiel könnte in den US-Markt einsteigen. Buchstäblich Hunderte Variablen beeinflussen diese Entscheidung, jede Fachabteilung hat eine andere Meinung dazu, der Vorstand ist heillos uneins. Da bringt es Arthur, Vorstandsvorsitzender, in einer Sitzung auf den Punkt. Er sagt: „Letztendlich läuft das Ganze doch auf eine einzige Frage hinaus: Schaffen wir es, unsere Produktion und unseren Vertrieb auch in den USA so straff und flexibel zu steuern, wie wir es in Europa können?“

Die Vorstandskollegen schauen ihn mit großen Augen an: Angesichts der US-Gewerkschaften und dem schwachen Qualifizierungsstand der zur Verfügung stehenden Vertriebsmitarbeiter ist das mehr als unwahrscheinlich. Damit ist die Entscheidung klar. Arthur sagt: „Erst wenn wir die Unions auf unserer Seite haben und einen wirklich guten Vertrieb zusammenbekommen, können wir grünes Licht geben.“ Aber wie hat Arthur dieses komplexe Problem auf nur einen Satz reduzieren können?
Woher wusste er, was das Wichtigste an dem Problem ist? Das ist egal. Und das ist das Schöne an der Ein-Satz-Technik: Wenn Sie den falschen Satz formulieren, merken Sie das schnell – und können einen neuen, besseren formen. Sie können diese Ein-Satz-Technik sogar noch verbessern, wie es ein berühmter Millionär vorgemacht hat:

Die Disney-Technik
Treffen Sie jede Entscheidung auf drei Stühlen.

Die Technik geht auf Walt Disney zurück, der jede Menge Ideen für lustige Zeichentrickfiguren und abendfüllende Filme hatte. Nachdem er aber mit einigen Figuren und Projekten böse danebenentschieden hatte, fasste er den Entschluss, dass nicht länger sein Enthusiasmus allein seine Entscheidungen treffen dürfe. Andererseits wollte er nicht auf seine starken Gefühle bei Entscheidungen verzichten. Also ergänzte er sie einfach durch zwei andere Kompo-

nenten. Weil er dann jedoch mit drei Komponenten hätte entscheiden müssen und das menschliche Gehirn das nicht wirklich gut kann, griff er zu einem Trick.
Er stellte drei Stühle in sein Büro. Wenn eine Entscheidung anstand, setzte er sich auf den ersten und ließ seinem Enthusiasmus für, sagen wir, Mickey Mouse freien Lauf. Danach setzte er sich auf den zweiten, den Buchhalter-Stuhl, und fragte sich, ob er denn auch genug Geld für die Entwicklung einer neuen Figur hätte. Und danach setzte er sich auf den dritten, den Publikum-Stuhl, und überlegte, wie Mickey wohl beim Publikum ankommen würde. Auf diese Weise wurde ein Milliardenimperium gegründet.

Je mehr Stühle, also sukzessive Entscheidungskriterien Sie in eine Entscheidung integrieren, desto besser wird die Entscheidung.

Einmal ganz davon abgesehen, dass Sie mit jedem erfolgreich integrierten Kriterium die Angst vor und die Wahrscheinlichkeit einer Fehlentscheidung reduzieren: Sie haben vor einigen Entscheidungen trotzdem noch Bammel? Das ist toll, denn genau für diesen Fall existiert eine wunderbare Technik.

Die Staatsanwalt-Technik

Frank kam zu uns ins Coaching, weil er zum Abteilungsleiter befördert werden sollte. Spinnt Frank? Da geht man doch nicht zum Coach! Da geht man feiern! Doch er war sich unsicher: „Soll ich die Position wirklich annehmen?" Er hatte schon viel versucht, um die Entscheidung zu treffen. Er hatte zum Beispiel Pro-und-Contra-Listen aufgestellt – was ihn lediglich verwirrte: „Vier Gründe sprechen dafür, drei dagegen – was heißt das jetzt? Gewinnt die höchste Zahl? Sollte man die Gründe nicht auch noch gewichten? Wie rechnet man das?"

Wenn Ihnen traditionelle Hilfsmittel wie die Pro/Contra-Liste nicht viel bringen, dürfen Sie sie getrost verwerfen.

Vor Gericht wird zum Beispiel auch nicht mit Pro/Contra-Listen gearbeitet, um zu einer richterlichen Entscheidung zu kommen. Vor Gericht werden bohrende Fragen gestellt. Eine exzellente Methode, um Entscheidungen leichter und besser zu machen:

Die Staatsanwalt-Technik
Wenn Sie vor einer schweren Entscheidung stehen, fragen Sie sich: Was will ich letztendlich damit erreichen? Kann ich das damit tatsächlich erreichen (Validitätsfrage)? Kann ich das auch anders, günstiger, schneller, leichter erreichen?

Die Fragen sind leicht, aber nicht einfach. Frank zum Beispiel weiß zunächst keine Antwort auf die Frage, was er mit seiner Beförderung erreichen will – außer „Aufstieg, besseres Gehalt, mehr Möglichkeiten". Aber das sind nur die vordergründigen Vorteile, auf die er aus ist. Was steckt dahinter? Nach fünf Minuten geduldigen Nachbohrens kommt heraus: „Ich leite am liebsten interessante Projekte!" Gut, zweite Frage: Kann er dieses Ziel realisieren, wenn er befördert wird? „Nein, eher nicht. Der Abteilungsleiter leitet die Abteilung, nicht die Projekte." Also wäre eine Beförderung keine so gute Idee? „Nein. Es sei denn, ich organisiere mich so, dass ich neben der eigentlichen Verwaltungsarbeit auch noch immer zwei, drei interessante Projekte leiten kann."

Dilemmata verwandeln sich zu anderen Entscheidungen, sobald Sie kluge Fragen stellen.

Durch sein kluges Nachfragen hat Frank das Dilemma „Soll ich die Beförderung annehmen oder nicht?" zu der ganz anderen Entscheidung verwandelt: „Wie organisiere ich mich als Abteilungsleiter so, dass ich noch genügend Projekte leiten kann, die Spaß machen?" Diese Frage führt nicht nur zu einem besseren Ergebnis. Sie führt auch zu einer wesentlich leichteren Entscheidung – das Thema dieses Kapitels:

Wenn Sie vor einer (schweren) Entscheidung stehen:
Dann machen Sie es sich leichter. Und zwar so, dass die Entscheidung nicht nur leichter, sondern auch besser wird.

So sieht Ihre Zukunft aus

Endlich den Job wechseln oder doch beim alten bleiben? Die Blonde oder die Brünette? Den Zahnarzt oder den Jugendfreund? Dem Chef mal ordentlich die Meinung sagen oder doch wieder die Kröte schlucken?

Wie würden Sie sich entscheiden? Das hängt davon ab. Wovon? Davon, wie's ausgeht. Kann sein, dass die neue Stelle tatsächlich der lang gesuchte Traumjob ist. Kann aber auch sein, dass wir uns nach drei Wochen bei der neuen Firma an unseren alten Arbeitsplatz zurücksehnen. Wir wissen es nicht. Niemand kann in die Zukunft blicken. Wirklich nicht?

Was ist mit Wettervorhersagen, Budgets, Forecasts und Konjunkturprognosen? Was mit Ihrem letzten Urlaub? Da haben Sie doch auch den Pullover eingepackt, „falls es frisch wird". Wer heute daran denkt, wie das Wetter in einer Woche sein könnte, blickt ganz offensichtlich in die Zukunft. Und das erfolgreich: 10 Grad auf Sylt bei steifer Brise ohne Pullover – das hält kein Friese aus. Selbst jene, die Lotto spielen, wagen einen Blick in die Zukunft: Sie stellen sich vor, dass sie gewinnen werden. Das heißt:

Das Simulations-Paradoxon
Obwohl alle behaupten, dass keiner die Zukunft vorhersagen kann, blicken wir alle permanent in die Zukunft.

Wenn wir vor dem Altar stehen, also eine der folgenschwersten Entscheidungen unseres Lebens treffen, blicken wir ganz selbstverständlich in die Zukunft. Wir verfolgen dabei üblicherweise das Szenario: „Wir passen zusammen! Wir werden glücklich miteinander!" Wer denkt das nicht? Jene, die einen Ehevertrag schließen. Die haben ganz offensichtlich noch ein anderes Szenario im Kopf; das Worst-Case-Szenario. Das sind keine Pessimisten – ein Pessimist hätte nur **ein** Szenario im Kopf –, sondern lediglich Menschen, die ganz bewusst Mono-Simulationen vermeiden:

Vermeiden Sie Mono-Simulationen!
Wer eine Entscheidung auf der Basis lediglich eines einzigen Szenarios trifft, entscheidet automatisch falsch.

Man kauft ein Haus und zieht zusammen, weil man sich so liebt. Gut, aber was ist mit dem Szenario „Wir leben uns nach drei Jahren auseinander"? Wenn das nicht **zusätzlich** vor der Entscheidung berücksichtigt wird, gibt es ein böses Erwachen (wie es jährlich Zehntausende erleben). Manuel ist schlauer. Er sagt: „Klar ziehe ich mit Susi zusammen! Aber meine alte Wohnung behalte ich vorerst noch. Für alle Fälle." Manuel entwirft eine Simulation, das heißt einen systematischen Blick in die Zukunft. Er simuliert zwei Szenarien (Entwürfe der Zukunft):

A) Wir verstehen uns prima (deshalb ziehen wir zusammen). B) Es haut nicht hin (deshalb behalte ich noch die alte Wohnung).

Die letzte Weltwirtschaftskrise war eine böse Überraschung. Wieso? Können Manager denn nicht simulieren? Leider nur die wenigsten, wie wir jetzt sehen werden.

Schlechte Simulanten

Der Kostendruck macht vielen Unternehmen das Leben schwer. Also kaufen sie in sogenannten Low Cost Countries ein oder produzieren gleich selbst dort. Das Kalkül dahinter: „Die Faktorkosten dort sind konkurrenzlos billig!" Ist das eine gute Entscheidung? Nein. Warum nicht? Weil ihr eine Mono-Simulation zugrunde liegt. Sie unterstellt, dass die Arbeits- und Kapitalkosten dauerhaft so billig bleiben werden – das ist marktwirtschaftlicher Unfug!

Denn je größer die Nachfrage nach Billigwaren wird, desto stärker ziehen die Preise an. Da ungeheuer viele Westunternehmen derzeit in Billigländern einkaufen, weil diese – wie der Name schon sagt – so billig sind, steigen dort die Preise oft um 10 bis 20 Prozent pro Jahr! Dieses alternative Szenario wurde jedoch bislang nur von den wenigsten Unternehmen berücksichtigt.

Wer Alternativszenarien ignoriert oder übersieht, wird meist böse überrascht.

Wie das Fraunhofer Institut feststellte, kehren inzwischen zwei von fünf Unternehmen aufgrund dieser bösen Überraschungen reumütig wieder ins Heimatland zurück. In manchen Branchen sind es fünf von zehn. Weil sie sich falsch entschieden haben, und weil sie alternative Investitions- und Marktverläufe nicht in ihre Entscheidungsvorbereitung einbezogen haben. Deshalb zahlen sie jetzt oft Millionen drauf – eine Simulation alternativer Szenarien hätte nicht ein Hundertstel davon gekostet. Eigentlich erstaunlich. Oder eben nicht: Auch und gerade Manager haben im Grunde nie gelernt, zu entscheiden. Die meisten bringen es sich selbst bei. Deshalb ist es gut möglich, dass Ihr Vorgesetzter dankbar ist, wenn Sie ihm dieses Buch heimlich auf seinen Schreibtisch legen. Auch wenn er es nie zeigen würde.

Stellen Sie von der unbewussten auf die bewusste Simulation um.

Unbewusst simulieren wir alle ständig. Wer Hunger hat, malt sich im Geiste aus, wie er sich gleich eine Pizza bestellt. Das läuft unbewusst ab, aber genau das ist eine Mini-Simulation. Auch viele Manager simulieren unbewusst: „Wir kaufen in Asien doch viel billiger ein!“ Diese unbewusste Simulation ist im Management ganz und gar üblich. Genauso üblich ist es inzwischen, dass man in Asien kräftig draufzahlt.

Misstrauen Sie unbewussten Szenarien!
Das Szenario, das wir unbewusst im Hinterkopf haben, ist tendenziell falsch. Es ist entweder tendenziell zu optimistisch oder tendenziell zu pessimistisch.

Wie korrigieren Sie diese Simulationsschwäche? Ganz einfach:

Simulieren Sie stets die Alternative!
Egal, welches Szenario Sie zunächst (unbewusst) favorisieren, erstellen Sie (mindestens) ein passendes Alternativszenario dazu.

Optimisten sollten bewusst ein pessimistisches Alternativszenario simulieren, Pessimisten hingegen alternativ ein bewusst optimistisch gewähltes Szenario. Gelegenheit zum Üben bot die letzte Weltwirtschaftskrise genug. Melanie sagte unlängst: „Ist gerade ganz schlecht, einen neuen Job zu suchen. In so einer Krise stellt doch keiner ein!" Ihre Mutter überredete sie zu folgendem Alternativszenario: „Selbst in der Krise gehen Menschen in Rente, werden schwanger oder wechseln den Job. Und dafür müssen andere eingestellt werden." Also achtete Melanie mit einem Auge dann doch auf die Stellenanzeigen – und wurde binnen drei Wochen fündig. Hätte sie ausschließlich ihr eigenes Szenario verfolgt, hätte sie die falsche Entscheidung getroffen und wäre vielleicht heute noch arbeitslos.

Wie wenige Menschen an Alternativszenarien denken, erleben wir jede Woche. Neulich bat uns ein Einkaufsleiter, ihn bei einer Entscheidung zu unterstützen. Sein Vorstand hatte ihm den Auftrag erteilt, den Global Spend des Unternehmens auf 20 Prozent zu heben. Zu Deutsch: Er sollte den Anteil der im Ausland eingekauften Waren des Unternehmens auf 20 Prozent anheben, also deutlich mehr Waren in Billigländern einkaufen als bislang. Deshalb plante er unter anderem, Maschinenteile für 5 Millionen Euro in Malaysia zu kaufen. Vorher wollte er jedoch die anfallenden „Kosten am Rande" simulieren: Transport in Malaysia, Überseefracht, Qualitäts- und Logistikrisiken und so weiter. Er bat uns um eine Überprüfung seines Simulationsmodells, die er auch bekam. Aber anders, als er es sich vorgestellt hatte. Was hätten Sie ihm geraten?

Was halten Sie vom Entscheidungsprozess, den dieser Supply Manager beschritten hatte? Richtig: Er verfolgte ganz unbewusst lediglich ein einziges Szenario: nämlich dass der Einkauf in Malaysia gut für sein Unternehmen sei. Wir dagegen erstellten das entsprechende Alternativszenario: Einkauf in Deutschland. Der Supply Manager lachte: „Das ist doch Unfug! Wir gehen doch gerade deshalb nach Malaysia, weil Deutschland zu teuer ist!" Wir sagten ihm: „Macht nichts. Dann wird das Alternativszenario ja glasklar belegen, dass Sie recht haben und Deutschland zu teuer ist. Damit haben wir nichts verloren. Doch wenn es nicht so ist, haben wir etwas gewonnen."

Keine Entscheidung ohne Alternativszenario!

Wir brauchten lediglich einen halben Tag lang zu suchen, um einen Lieferanten zu finden, der bei besserer Qualität und höherer Lieferflexibilität sogar noch 5 Prozent unter dem angeblich so billigen Malaysier liegt – und keine 30 Kilometer vom Unternehmen entfernt ist. Mitten in Deutschland. Der Einkaufsleiter war perplex. Sein Vorstand auch: „Alles sagt doch, wie billig die Billigländer sind. Dass wir es in Deutschland, das angeblich so teuer ist, sogar noch billiger und besser bekommen, daran haben wir nicht im Traum gedacht!" Da spricht der Vorstand ein wahres Wort aus: Er hätte um ein Haar eine Riesendummheit gemacht – bloß weil er an eine Alternative nicht **gedacht** hat.

Das Drei-Szenarien-Modell

Wenn Sie sich das Entscheiden nach Simulation einmal zur Gewohnheit gemacht haben – das geht schnell –, werden Sie bald feststellen, dass Sie dadurch eine ungeheure Entscheidungssicherheit erlangen. Sie werden mehr davon haben wollen. Das gibt es, und Sie kennen es vielleicht sogar:

Immer mindestens drei Szenarien!
Wer fundiert entscheiden möchte, braucht (mindestens) drei Szenarien: ein optimistisches, ein pessimistisches und ein realistisches.

Viele fügen von sich aus noch ein Worst-Case-Szenario hinzu: ein Katastrophenszenario, das schlechtestmöglich verläuft, also noch schlechter als das pessimistische. Andere fügen noch sogenannte Wild-Card-Szenarios hinzu: Zukunftsverläufe, die zwar unwahrscheinlich, aber möglich sind und drastische Folgen hätten. Jeder Lebens-, Hausrats- und Unfallversicherung liegen solche Wild Cards zugrunde: Das eigene Ableben vor Erreichen der 50-Jahr-Grenze ist zwar unwahrscheinlich, doch die Folgen für die eigene Familie wären so schwerwiegend, dass jeder Familienvater eine Lebensversicherung hat.

Wenn Sie simulierend Entscheidungen treffen, behalten Sie es für sich!
Denn dann sind Sie bereits ein Entscheidungs-Profi, den die Amateure nicht mehr verstehen.

Früher entließen wir Coachees ohne diese Warnung aus dem Coaching. Sie simulierten voll Stolz am Arbeitsplatz oder in der Familie und bekamen dafür keinen Dank, sondern ernteten im Gegenteil Vorwürfe: „Sei doch nicht so ein verdammter Pessimist!“, „Du siehst immer alles rosarot!“, „Mach uns doch nicht unsere schöne Idee kaputt!“, „Du findest auch immer ein Haar in der Suppe!“, „Wenn du ein Teamspieler wärst, würdest du unserem Szenario folgen!“
Amateure wollen nicht wirklich die beste Entscheidung treffen. Sie wollen hauptsächlich kognitive Dissonanzen

vermeiden, also in ihrer unbewusst vorgefassten Entscheidung bestärkt werden. Das führt zu den verrückten Zuständen, die wir derzeit in Wirtschaft und Gesellschaft erleben. Eine Ingenieurin kam unlängst zu uns ins Coaching. Am Montag derselben Woche hatte sie ihrer Geschäftsleitung für einen bestimmten Auftrag einen 200-PS-Antrieb vorgeschlagen. Am Dienstag erfuhr sie, dass der Kunde mit der Maschine auch einige Extremanwendungen abdecken wollte. Also erhöhte sie die PS-Anzahl auf 250. Prompt meldete sich der Geschäftsführer: „Gestern sagen Sie so und heute so! Was gilt denn nun?"
Sie erklärte ihm, dass sie nach der ersten Entscheidung neue Daten bekommen hatte, die neue Szenarien erforderten und als Folge davon eine neue Entscheidung nötig machten. Das verstand der Geschäftsführer nicht: „Wenn man sich einmal festgelegt hat, dann bleibt man auch dabei!" Auch wenn es sich in der Zwischenzeit als falsch herausstellt, auch wenn der Kunde deshalb kocht, auch wenn man Aufträge verliert, auch wenn die Welt zusammenbricht – wir ändern uns nicht! Denn wichtiger als richtige Entscheidungen sind unumstößliche Entscheidungen. Und dann wundern wir uns, warum immer öfter Wirtschaftskrisen ausbrechen …

Die Tellerrand-Falle
Wenn Sie simulieren, simulieren Sie über den eigenen Tellerrand hinaus.

Gerade in Wirtschaftsunternehmen, Familien, Regierungen und anderen Sozialgebilden wird das gewohnheitsmäßig unterlassen. Zum Beispiel auch in Michaels Abteilung. Es wird eine neue IT eingeführt, um Kundenaufträge schneller bearbeiten zu können. Michael als Projektleiter hat wirklich gut simuliert: von der Wahl des IT-Anbieters bis zur Schulung seiner Kollegen hat er jeden Schritt des Projektes vorher simuliert und die Schwachstellen eiliminiert, bevor die Entscheidung fiel. Leider. Denn über den eigenen Tellerrand hat er dabei nicht geschaut. Dass zwei seiner Nachbarabteilungen ihn kurz nach Einführung der neuen IT am liebsten lynchen möchten, hat er nicht vorausgesehen: Die neue IT verursacht an zwei Stellen heftige Schnittstellenprobleme. Weil er eine neue IT hat, haben jetzt zwei Abteilungen Riesenprobleme. Warum hat er daran nicht gedacht? Weil er so auf den eigenen Teller fixiert war, dass er nicht über ihn hinausschaute.

Der System-Check
Simulieren Sie immer auch, wie die Sie umgebenden Systeme auf Ihre Entscheidung reagieren werden.

Das ist ein genereller Fehler bei Simulationen: Es wird nicht zu Ende gedacht, die meisten Szenarien greifen zu kurz. Manuel beispielsweise ist Geschäftsführer eines Fertigungsbetriebs und wie alle in diesen Zeiten unter Kostendruck. Also senkt er permanent die Kosten, denn: „Sonst sind wir weg vom Fenster!" Das ist eine valide Worst-Case-Simulation. Leider greift sie nicht weit genug: Was passiert denn, wenn die Kosten gesenkt werden und das Unternehmen überlebt?

Im günstigsten Fall senkt Manuel dramatisch die Kosten und wird Kostenführer. Er hängt die Konkurrenz ab. Was dann? Dann überlässt er das Hochpreis-Segment der Konkurrenz. Also ausgerechnet jenes Segment mit den höchsten Margen. Sorry, Manuel, nicht weit genug gedacht.

Das Watzlawick-Prinzip
Selbst wenn Ihr Szenario ein positives Ende nimmt – denken Sie über das Ende hinaus!

Sie werden dabei oft das Schlechte vom Guten entdecken, das insbesondere der Philosoph Paul Watzlawick bekannt gemacht hat. Die Simulation deckt erschreckend häufig auf, dass projektierte Lösungen oft keine sind. Schlimmer: dass „Lösungen" oft genug selbst zum Problem werden.

Denken Sie jedes Szenario zu Ende!
Die angestrebte Zielerreichung ist eben nicht das Ende. Selbst bei Zielerreichung müssen Sie sich noch fragen: Und was passiert danach?

Typisches Beispiel für kurzsichtige Simulationen sind Menschen, die trotz aller Bemühungen immer wieder zunehmen, sobald sie einmal erfolgreich abgenommen haben. Früher dachte man, das sei ihr Stoffwechsel. Heute wissen wir: Die haben nicht zu Ende simuliert! Gute Ernährungsberater greifen inzwischen zu einer simplen Frage: „Angenommen, Sie haben heute in fünf Monaten Ihr Idealgewicht erreicht – was würde Ihr Mann dazu sagen?“ Dabei kommt oft heraus: Der Mann mag sein Dickerchen! Der will keine „Bohnenstange“.

Ebenso oft stellt sich heraus: „Wenn ich so schlank bin, dann bin ich viel zu attraktiv! Dann kann ich mich nicht mehr gegen das ständige Anbaggern wehren!“ Heißt das, manche Leute sollten gleich gar nicht versuchen abzunehmen? Nein. Es heißt: Wenn Sie Ihr Traumziel erreichen und danach vorhersehbar negative Folgen einsetzen, entwickeln Sie ein alternatives Szenario. Zum Beispiel das Szenario: „Ich bin schlank und mein Mann mag mich trotzdem, weil …“ Warum sollte er das tun? Unter welcher Voraussetzung funktioniert dieses Szenario? Auch das ist Aufgabe der Simulation:

Die Voraussetzungen schaffen

Erkennen und schaffen Sie die Voraussetzungen, unter denen Ihr Wunschszenario erfolgreich ist.

An dieser Stelle fragte ein Seminarteilnehmer einmal: „Was heißt das, immer zu Ende simulieren? Wann ist das Ende erreicht?" Schlichte Antwort: Das Ende einer Simulation ist dann erreicht, wenn Ihnen auf die Frage „Was passiert dann?" nichts Sinnvolles oder Neues mehr einfällt.

Wenn Sie eben beim Lesen hier und da ein wenig Spaß verspürt haben: Keine Bange! Das ist normal. Wie alle hoch entwickelten Techniken macht auch die Simulation einen Heidenspaß, je öfter man sie betreibt.

Vor einiger Zeit waren wir in einem Unternehmen, dessen Planungsabteilung wir fit machen sollten für die Simulation. Die Planer hatten aber partout keine Lust dazu: „Wir haben doch schon so genug zu tun!" Also baten wir sie lediglich, die Spielergebnisse des nächsten Bundesliga-Spieltags vorherzusagen. Dazu hat eigentlich jede(r) Lust – selbst wenn er/sie sich nicht damit auskennt. Und auch das ist Simulation! Dabei fing der Abteilungsleiter Feuer und fing an, mit seinen Mitarbeitern zu wetten: auf den Auftragseingang der nächsten Woche, auf die Ausschussquote der Fertigung, auf die Zahl der einlaufenden Reklamationen, auf den Rücklauf einer Werbekampagne ... All die Wetten setzten eines voraus: Simulation. Nur wer simuliert (auch wenn er das nicht merkt), kann wetten. Diese Übung können wir nur wärmstens empfehlen!

Simulieren Sie, so oft Sie können!
Machen Sie sich einen Spaß daraus. Simulieren Sie den Euro-Kurs von morgen, die Bundesliga, die Lottozahlen, die Launen des Chefs, die nächste Panne.

Sie werden dabei nicht nur jede Menge Spaß haben. Sie werden auch Ihre Simulationskompetenz steigern und in Ihren Prognosen immer treffsicherer werden. Einige unserer Coachees haben das inzwischen so oft gemacht, dass ihre Kollegen von ihnen behaupten, sie seien Hellseher. Stimmt natürlich nicht – sie sind lediglich gute „Simulanten". Und noch eines:

Simulieren Sie Ihren Arbeitsplatz!
Und zwar anhand aller Variablen, die Sie besonders tangieren.

Vor Kurzem trafen wir einen Fertigungsmitarbeiter eines Automobilherstellers, der klagte: „Ich habe erst vor zwei Jahren ein Haus gekauft, muss meine Schulden abbezahlen – und jetzt haben wir Kurzarbeit!" Aber wieso überraschte ihn das? Der Automobilindustrie ging es schon fünf Jahre vor dem großen Crash schlecht, was einem jeder Autohändler lebhaft bestätigen konnte. Warum konnte der

Wer vorausschaut, wird belohnt.

Arbeiter nicht eins und eins zusammenzählen? Warum hat er nicht simuliert? Das muss er sich zum Vorwurf machen lassen. Einer seiner Kollegen war schlauer: „Ich dachte mir schon vor fünf Jahren, dass die Leute immer weniger Autos kaufen. Deshalb habe ich die Finanzierung meines Hauses langfristiger und variabler angelegt und mir über die Verwandtschaft mehr Eigenkapital besorgt."

Dasselbe gilt für den Arbeitsanfall, neudeutsch Workload. Immer wieder beklagen sich Manager und Mitarbeiter, dass es gerade „besonders stressig zugeht". Wir fragen dann meist: „Und? Konnte man nicht damit rechnen? Handelt es sich um einen außergewöhnlichen Arbeitsanfall?" In 90 Prozent der Fälle nicht; die Leute haben lediglich verschlafen, vorauszudenken.

Dasselbe gilt für die Launen des Chefs: Jede gute Sekretärin kann diese besser vorhersagen als die Ehefrau des Chefs. Warum? Weil sie besser simulieren kann. Weibliche Intuition? Nein. Eher glasklare Logik. Die Logik des nächsten Schrittes.

Die Logik des nächsten Schrittes

Simone hat einen neuen Job in Aussicht. Bislang war sie Rechtsanwaltsgehilfin, jetzt könnte sie in der Versicherungsbranche arbeiten. Ein Bekannter, der als Versicherungsagent arbeitet, hat sie dafür begeistert. Simone findet beide Jobs toll. Was soll sie tun? Was raten Sie ihr?

Simone muss simulieren. Oder auf ihren Mann hören. Denn der simuliert gar nicht schlecht – obwohl er das nicht merkt. Er fragt sie: „Das hört sich toll an. Und schön, dass dein Bekannter meint, du seist wie geschaffen dafür. Aber welche Ausbildung wirst du dafür machen müssen? Musst du die selbst bezahlen? Wie lange dauert sie? Und kriegst du in dieser Zeit Geld? Was musst du danach tun? Innen- oder Außendienst? Und wenn Außendienst: Hast du jemals einem Außendienstler über die Schulter geschaut?" Was macht Simones Mann da?

Das Prinzip der Simulation
Simulation ist ganz einfach: Suchen Sie immer nur den nächsten logischen Schritt, und reihen Sie so Schritt an Schritt.

Genau **das** macht Simones Mann. Warum stellt er dabei so viele Fragen? Weil Simone zu simpel simuliert hat. Sie simuliert ungefähr: „Ich gehe jetzt zur Versicherung und alles wird wunderbar!" Entschuldigung, Simone, aber das ist ein Kleinmädchentraum, keine Simulation einer Erwachsenen. Was ist ein solcher Traum wert? Keinen Pfifferling.

Simulation braucht Recherche!
Jede Simulation ist nur so gut wie die Daten, auf deren Grundlage sie basiert.

Mit jeder Frage ihres Mannes, die Simone beantwortet, wird ihre Simulation besser. Auch das erklärt, warum selbst im Management so schlecht simuliert und entschieden wird: Es gibt nur wenige Menschen, die sich die Mühe machen, tief genug und breit genug zu recherchieren.

Die Simulation hat noch einen angenehmen Nebeneffekt: Wer simuliert, wird nie wieder unter der üblichen Info-Lawine leiden. Denn Simones Bekannter hat ihr natürlich kiloweise Prospektmaterial über seine Versicherung mitgegeben, und Simone ist dementsprechend buchstäblich erschlagen! „Das kann ich doch unmöglich alles lesen!" Muss sie nicht – wenn sie simuliert. Da sie ihre nächsten Schritte aber simuliert, kann sie schnell und bequem aus dem Datenwust das und nur das herauspicken, was ihr die Fragen zu ihren nächsten Schritten beantwortet:

Simulation schafft Ordnung
Die Logik des nächsten Schrittes gibt der Datenfülle einen Sinn, eine Bedeutung und eine Richtung.

Eigentlich sollte man vor einer Entscheidung niemals einfach so drauflos recherchieren. Die dabei entstehende Datenlawine erschlägt einen irgendwann, ohne dass man wirklich etwas mit ihr anfangen kann. Wer jedoch in Szenarien denkt, muss immer nur jene Daten erheben, die er/sie für den nächsten Schritt im gewählten Szenario benötigt. Das verschafft Ordnung und vor allem Orientierung:

Simulation gibt Orientierung!
Wenn Sie bei einer Entscheidung nicht weiterwissen oder unsicher sind: Simulieren Sie! Denken Sie an den nächsten logischen Schritt!

Auf diese Weise können Sie niemals stecken bleiben. Wer der Logik des nächsten Schrittes folgt, kommt immer weiter. Simone hat da ihre Zweifel: „Aber ich kann doch nicht simulieren, ob ich die Ausbildung bei der Versicherung schaffe! Das weiß ich doch gar nicht!" Dahinter steckt die Frage: Wie finden Sie heraus, wie es tatsächlich weitergeht – mit einer Simulation, mit einer Entscheidung, mit Ihrem Leben?

Konsequenzen und Voraussetzungen

Wird Simone die Ausbildung bei der Versicherung schaffen? Das weiß doch keiner! Aus dem Stand sicher nicht. Doch genau dafür simulieren wir: um herauszufinden, was heute noch keiner weiß.

Schließen Sie vom Bekannten aufs Unbekannte!

Der Analogieschluss ist die schnellste, einfachste und zugleich sicherste Art, etwas herauszufinden, was eigentlich noch keiner weiß:

Arbeiten Sie mit Analogien!
Schließen Sie von vergleichbaren Fällen auf Ihren aktuellen Fall.

Je höher die Vergleichbarkeit, desto sicherer Ihr Analogieschluss.

Denn nichts auf der Welt passiert wirklich zum ersten Mal. Selbst für komplett neue Ereignisse, Prozesse und Vorhaben gibt es zumindest Vergleichbares, von dem ausgehend Sie schlussfolgern können.

Simones Mann macht an dieser Stelle übrigens einen Fehler. Er schlussfolgert mit einem zu niedrigen Analogiegrad: „Wenn dein Bekannter die Ausbildung schaffte, dann schaffst du sie auch!" Das ist Unsinn, weil die Analogie zu gering ist: Der Bekannte ist ein Mann, 28, Single und ein kleines Zahlengenie. Simone ist 42, hat zwei kleine Kinder und tut sich schwer mit Zahlen. Soll sie die Ausbildung also lassen? Nein, sie soll nur nicht wie ihr Mann Äpfel mit Birnen vergleichen, sondern eine Analogie mit höherer Vergleichbarkeit suchen.

Also sucht sie eine Frau, die ungefähr ihrem Profil entspricht und die die Ausbildung gemeistert hat. Wie? Indem sie mit dem Ausbildungsleiter der Versicherung spricht. Der vermittelt ihr gleich vier vergleichbare Referenzen: alles Frauen, die jenseits der 30 eingestiegen sind, Kinder haben und keine Zahlengenies sind. Simone spricht mit allen vier Frauen. Danach kann sie mit an Sicherheit grenzender Wahrscheinlichkeit sagen: „Wenn die das schafften, schaffe ich das auch!" Sie kennt sogar die Anzahl der Wochenstunden, die die Frauen für ihren Abschluss gebüffelt haben. Wenn Sie scharf mitgedacht haben, ist Ihnen aufgefallen:

Voraussetzungen und Konsequenzen
Es geht bei der Simulation immer um diese beiden.

Die Logik des nächsten Schrittes ist der Schlüssel zu sicheren Entscheidungen. Simones nächster Schritt wird die Ausbildung sein – das ist logisch. Und genauso logisch ergeben sich daraus die für jede Simulation zentralen Fragen:

Die beiden zentralen Fragen der Simulation
Was sind die Voraussetzungen für den nächsten Schritt?
Was sind die Konsequenzen aus dem nächsten Schritt?

Die Voraussetzung für eine erfolgreiche Ausbildung bei der Versicherung ist, dass Simone den Abschluss schafft. Dass sie diese Voraussetzung erbringt, hat sie per Analogieschluss relativ sicher belegt. Was ist die Konsequenz eines erfolgreichen Abschlusses? Praktikum, Innendienst oder gleich Kundenkontakt? Das muss sie im nächsten Schritt ihrer Recherche herausfinden.

Wer simuliert, vereinfacht Entscheidungen immens
Denn die Logik des nächsten Schrittes führt Sie ganz automatisch selbst durch die komplexesten Entscheidungen.

Dadurch wird jede Entscheidung nicht nur einfacher, sondern auch sehr viel sicherer. Entscheiden nach der Logik des nächsten Schrittes ist fast so einfach und schlüssig wie Malen nach Zahlen. Wenn das so einfach ist, warum machen das dann nicht alle?
Das können Sie bei jedem Grundschüler beobachten: Viele von ihnen vergessen jeden Tag ein oder zwei Schulhefte oder Bücher. Warum? Weil sie es sich noch nicht angewöhnen konnten, jeden Morgen auf den Stundenplan zu schauen, das erste Fach abzulesen, dafür Bücher und Hefte einzupacken, dann das nächste Fach, den nächsten logischen Schritt zu machen – und so weiter. Sie packen ihren Ranzen vielmehr „aus dem Kopf“. Weil sie das ja „jeden Tag so machen“: „Ich weiß doch, was wir heute brauchen!“ Und dann kommen sie in der Schule an und haben doch wieder irgendetwas vergessen.
Im Berufsleben und im Management ist es im Prinzip genau dasselbe, was natürlich keiner zugeben mag. Entscheidungen werden pauschal getroffen, anstatt sie Schritt für Schritt zu zerlegen. Weil man dabei aber mit hundertprozentiger Sicherheit allein durch sein lückenhaftes Vor-

gehen Fehler produziert, dürfen zum Beispiel Piloten die Entscheidung für den Start nicht jedes Mal auf diesselbe Weise treffen. Auch wenn sie es schon tausendmal gemacht haben, müssen sie beim tausendundersten Start immer noch ihre Startentscheidung Schritt für Schritt durchgehen. Wie? Sie wissen es: per Checkliste.

Das Kristallkugel-Prinzip
Je systematischer Sie in die Zukunft blicken, desto besser und vor allem sicherer werden Ihre Entscheidungen.

Das hat nicht nur den Vorteil, dass Sie dabei für jeden einzelnen Schritt einer Entscheidung die notwendigen Voraussetzungen und Konsequenzen bestimmen können. Sie erkennen dabei auch für jeden einzelnen Schritt die Risiken, die Ihrer Entscheidung drohen können. Weil das so immens wichtig ist, widmen wir diesem Decision-Risk-Management das ganze folgende Kapitel. Denn natürlich wollen wir alle keine riskanten Entscheidungen treffen, sondern sichere und souveräne Entscheidungen, die uns nachts gut schlafen lassen, uns keine bösen Überraschungen einbringen, keinen Risiken zum Opfer fallen und genau jene Ergebnisse erzielen, die wir uns wünschen.

Decision-Risk-Management

Hanna kriegt von Papa zum 18. Geburtstag einen Golf GTI mit 120 PS geschenkt und wickelt ihn drei Tage später fachmännisch um einen Alleebaum. Totalschaden. Hannas Mutter macht dem Vater schwere Vorwürfe: „Mit deinem leichtsinnigen Geschenk hättest du um ein Haar unsere Tochter umgebracht. Der Wagen ist für einen Fahranfänger doch viel zu stark!“ Der Papa rechtfertigt sich: „Aber ich habe es doch nur gut gemeint!“

Die Versuchung ist groß, sich zu sehr auf das zu konzentrieren, was man mit einer Entscheidung erreichen möchte. Dabei übersieht man schnell die Risiken.

Viele haben ein etwas gestörtes Verhältnis zum Risiko. Welche Risiken unsere Entscheidungen bedrohen oder diese mit sich führen, darüber denken wir entweder fast überhaupt nicht nach (wie Hannas Vater) – oder viel zu sehr. Wie zum Beispiel Matthias. Er könnte gerade ein wirklich schönes Häuschen für sich und seine Familie kaufen. Jedoch: „In diesen Zeiten? Ist das nicht unverantwortlich? Es kann doch niemand sagen, ob morgen nicht das ganze Wirtschaftssystem zusammenbricht!“

Das heißt, unsere Risikoeinschätzung ist in der Regel zu einseitig, entweder sind wir zu leichtsinnig oder zu ängstlich. Das hat nichts mit Ihrem Charakter zu tun. Das wechselt von Entscheidung zu Entscheidung. Umso wichtiger ist, dass Sie für jede konkrete Entscheidung erneut die Frage nach Ihrer spezifischen Risikoeinstellung formulieren:

Wie sieht Ihre Risikoeinstellung aus?
Denken Sie an einige zurückliegende oder anstehende Entscheidungen. Wie war/ist Ihre Risikoeinstellung? Zu leichtsinnig? Zu ängstlich? Realistisch?

Wie kann ein Vater das Risiko eines 120-PS-Flitzers für einen Fahranfänger nicht sehen? Und wie kann ein Häuslekäufer in spe glauben, dass ihn ein Hauskauf heutzutage ruinieren könnte? Naja, der Vater ist kein Versicherungsfachmann, der die Unfallstatistiken im Kopf hat. Und Matthias ist kein Finanzexperte. Leider sind diese beiden Erklärungen so einleuchtend wie falsch:

Die Macht des Bewusstseins
Ob jemand Risiken richtig einschätzen kann, hängt nicht von seinem Expertenwissen oder seinen mathematischen Kenntnissen ab, sondern einzig und allein von seinem Risikobewusstsein.

Das Risiko-Mindset

Menschen, die das richtige Bewusstsein – Mindset, wie es neuerdings heißt – für das jeweilige Risiko mitbringen, treffen Entscheidungen, die sehr viel sicherer zum Ziel führen. Was ist das richtige Risikobewusstsein? Wir erkennen es an Aussagen wie: „Ich bin mir der Risiken meiner Entscheidung bewusst!“ Können Sie sich vorstellen, dass Hannas Vater das vor seinem GTI-Kauf gedacht hat? Sicher nicht. Eigentlich stimmt dieser Merkspruch nicht ganz, denn niemand ist sich zu Beginn eines Entscheidungsprozesses der Risiken bewusst. Also lautet die richtige Maxime:

Das richtige Risikobewusstsein
„Ich mache mir die Risiken meiner Entscheidung bewusst!“

Das wird selten umgesetzt. Weil es in unserem Berufsleben um Bolzen und Maschinen, um Umsatz und Rendite geht. Um das Bewusstmachen geht es selten. Das hat schlimme Folgen. Erst neulich waren wir in einem Unternehmen zu Gast, einem Mittelständler, der wie viele deutsche Mittelständler so gute Qualität produziert, dass alle Länder auf der Welt sie haben wollen. Vor einiger Zeit präsentierte der Produktionsleiter seine Waren voll Stolz auf einer Messe in Schanghai – und erblickte schräg gegenüber auf dem Stand eines asiatischen Händlers sein neuestes Produkt, das noch gar nicht auf dem Markt war! Der Produktionsleiter war

empört: „Die kopieren nicht nur unsere Produkte! Jetzt klauen die sogar schon unsere geheimen Entwicklungsprojekte!" Warum die Empörung?
Der Produktionsleiter hat kein Recht auf Empörung. Weil er entschieden hat, in Asien zu verkaufen, ohne sich die Risiken dieser Entscheidung umfänglich bewusst zu machen. Um das IPR-Risiko in Asien hat er sich ganz offensichtlich noch nie ernsthaft Gedanken gemacht (IPR = Intellectual Property Rights, Recht auf geistiges Eigentum). Er tat es nicht, weil ihm das dafür nötige Risikobewusstsein fehlt. Er sagt: „Ich bin Ingenieur, kein Rechtsanwalt!" – doch in Zeiten der Globalisierung ist dies die falsche Einstellung. Das heißt, Risikokompetenz ist in erster Linie eine Frage der Einstellung.

Schärfen Sie Ihr Risikobewusstsein!
Indem Sie sich Einstellungen abgewöhnen, die risikoblind machen.

Eine der häufigsten Einstellungen, die unmittelbar Risikoblindheit verursachen, ist die Verdrängung:

Vermeiden Sie Verdrängung!
„Ach, das wird schon gut gehen!" Die meisten Risiken werden nicht übersehen oder falsch eingeschätzt, sondern meist unbewusst verdrängt.

Natürlich sind Risiken unangenehm. Niemand denkt gerne daran, dass seine Tochter zum Beispiel gegen den Baum fahren könnte. Das verdrängt man doch lieber! Doch wenn wir **nicht** daran denken, wird es noch viel unangenehmer! Der wirksamste Schutz gegen Verdrängung ist:

Listen Sie Risiken auf!
Erstellen Sie eine möglichst vollständige Liste aller denkbaren und undenkbaren Risiken.

Manchmal fragen wir Manager, wie viele Risiken für ihre Leistungsziele sie aus dem Stand nennen können. Meist kommen sie auf zwei bis drei Dutzend. Wenn wir dann einige Manager des betreffenden Unternehmensbereiches zu einem Risiko-Workshop zusammenrufen und sie zusammen nachdenken, kommen sie dagegen meist auf über hundert!

Niemand kann alle Risiken im Kopf haben, weil *ein* Kopf dafür nicht ausreicht!

Risiko-Enumeration (Auflistung) ist ein kollektiver Vorgang und muss immer schriftlich erfolgen. Wie schon Goethe sagte: „Was du schwarz auf weiß besitzt …" Vergessen Sie die beliebte Ausrede: „Aber dafür habe ich keine Zeit!" Zur Not können Sie Ihre Risikoliste auch in der Mittagspause beim Italiener auf eine Serviette schreiben. Die Zeit ist nicht das Entscheidende, sondern die schriftliche Fixierung im Kollektiv und die ständige Aktualisierung der Risikoliste. Denn es kommen immer mal wieder neue Risiken dazu.

Selbst wenn Menschen ein Risiko nicht länger verdrängen, sondern bewusst wahrnehmen, können sie noch Opfer der Risikoblindheit werden, indem sie das Risiko bagatellisieren: „Ach, so schlimm wird es schon nicht kommen!" Vielleicht tatsächlich nicht. Dann freut man sich hinterher darüber – aber man rechnet nicht im Voraus damit!

Das Prinzip der Prüfung
Sobald Sie sich bei einer Bagatellisierung ertappen, überprüfen Sie sie anhand der vorhandenen Daten und Fakten aus der Realität!

Manchmal ergibt die Überprüfung, dass es sich tatsächlich um ein Bagatellrisiko handelt. Manchmal nicht. Jedenfalls gilt: Ohne Überprüfung ist jede Bagatellisierung ein Risiko an sich!

Das oberste Ziel des Risikomanagements
Setzen Sie alles daran, um zu einer realistischen Risikoeinschätzung zu kommen – im Gegensatz zur leichtsinnigen oder ängstlichen, emotional überzeichneten und generell unfundierten Einschätzung.

Wie kommen Sie dazu? Indem Sie Risiken recherchieren wie Simulationsverläufe. Hilfreich dabei ist wiederum der Analogieschluss (siehe Kapitel 6). Matthias, der das Risiko

seines finanziellen Ruins bislang etwas paranoid eingeschätzt hat, recherchiert folgende Analogie: „Wie oft gehen denn derzeit tatsächlich Hauskäufe schief, die von Maschinenbauingenieuren mit zwei Kindern getätigt werden?"
Die Daten dafür sucht er sich über einige Banken, das Internet und ein paar Bekannte aus der Immobilienbranche zusammen. Danach gelangt er zu einer Einschätzung seines Risikos, die realistisch ist, weil sie auf Daten aus der Realität (und nicht auf Verdrängung, Bagatellisierung oder Paranoia) beruht: „Das Risiko ist für Maschinenbau-Fertigungsarbeiter gerade sehr hoch – aber für Ingenieure nur leicht erhöht." In der Realität ist das Insolvenzrisiko von Ingenieuren also viel geringer als im Kopf von Matthias.

Die meisten Risiken sind hausgemacht
Viele Risiken sind eigentlich keine, sondern lediglich falsche Annahmen – was natürlich auch ein Risiko ist.

Nehmen wir zum Beispiel den Baubürgermeister einer 50 000 Einwohner großen Stadt. Er möchte Marmor auf dem Vorplatz des Rathauses verlegen – an sich schon eine fragwürdige Entscheidung. Weil der italienische Marmor zu teuer ist, entscheidet er sich für chinesischen. Zusammen mit einem Mitglied des Stadtrats fliegt er nach China und ordert die Lieferung vor Ort – „um auf Nummer sicher zu gehen". Tut er das? Das heißt: Funktioniert seine Risikovorsorge? Was meinen Sie?

Natürlich nicht. Der gute Bürgermeister sitzt nämlich der Annahme auf, dass er jene chinesischen Steine bekommt, die er geordert hat, bloß weil er sich im Februar für zwei Tage im Steinbruch hat sehen lassen. Tatsächlich erhält er im Juni, als die Lieferung eintrifft, lediglich ähnlich aussehende Steine, die sich zwei Jahre nach der Verlegung auf dem Rathausvorplatz in Staub auflösen. Der Gemeinderat wirft ihm vor, dass er durch sein unvorsichtiges Vorgehen dieses Risiko geradezu heraufbeschworen hat.

Überprüfen Sie sämtliche Annahmen!
Auch und gerade jene, von denen Sie annehmen, dass es Tatsachen oder Selbstverständlichkeiten sind.

Der Bürgermeister verfolgte die Annahme: „Wenn ich in Deutschland bekomme, was ich bestellt habe, bekomme ich es auch in China.“ Diese Annahme ist offensichtlich falsch, wie vergiftetes Milchpulver, vergiftete Barbies und andere Segnungen der Globalisierung beweisen. Das meiste, was wir für Fakten halten, sind bloß gut getarnte Annahmen. Und jede nicht überprüfte Annahme ist ein Risiko für sich.

Risikomanagement ist nicht delegierbar!

Wer bislang Geld anlegte, überließ die Risikoeinschätzung ganz unbewusst mehr oder weniger seiner Bank und den Rating-Agenturen. Spätestens seit der letzten Weltwirtschaftskrise ahnen wir, dass das eine ganz dumme Idee ist. Und das ist nicht nur bei Banken so.

Delegieren Sie niemals die Risikoverantwortung!
Aus einem einfachen Grund: Experten können Sie zum Risiko beraten. Doch das Risiko tragen trotzdem nur Sie allein!

Hören Sie sich an, was Experten zu sagen haben. Aber überlassen Sie ihnen nicht die Einschätzung des Risikos. Irene zum Beispiel hat Beschwerden in der Wade. Ihr Arzt sagt: „Die Vene. Wir nehmen sie raus. Das geht heutzutage ruckzuck." Das stimmt. In sechs Stunden ist sie rein und raus aus der Praxis – einschließlich Aufwachzeit. Doch danach verheilt die OP-Wunde nicht. „Bei Patienten jenseits der 60 Jahre keine so große Seltenheit", hat sie inzwischen herausgefunden. Warum hat ihr Arzt sie zwar über die OP-Risiken, nicht aber über dieses Risiko aufgeklärt? Das ist im Grunde eine dumme Frage.

Behalten Sie stets die Verantwortung fürs Risiko!
Wir haben uns so daran gewöhnt, dass uns die „Experten“ sagen, wo es langgeht, dass wir unsere Verantwortung viel zu oft und viel zu schnell abgeben.

Der Arzt ist nur für die OP zuständig, für die Wade ist Irene hingegen ganz alleine verantwortlich. Sobald sie sich die Verantwortung dafür von den sogenannten Experten abluchsen lässt, schafft sie bereits ein Risiko.
Bei der Risikoeinschätzung von den sogenannten Risikoexperten betrogen zu werden, ist natürlich ein paradoxes Risiko. Wie können Sie sich davor schützen? Oft hilft die Frage: „Was Sie mir empfehlen – würden Sie das auch selbst tun oder einem Ihrer Kinder empfehlen?“ Sie werden daraufhin erstaunlich oft eine ehrliche Antwort bekommen, die Ihnen viel mehr nützt als das vorausgegangene Risikogerede. Warum? Weil die meisten Risikoexperten Sie nicht hereinlegen wollen, sondern eben gerne über Risiken reden – solange sie sie nicht selbst tragen müssen.
Diese Flucht vor dem Risiko ist die eigentliche Gefahr beim Decision-Risk-Management. Warum ersticken zum Beispiel Manager geradezu in Meetings? Weil auf Meetings so ungeheuer viel gearbeitet wird? Im Gegenteil. Wir wissen doch alle, dass dort vor allem viel geredet und viel heiße Luft produziert wird. Trotzdem haben Meetings einen entscheidenden Vorteil: Wenn eine gefällte Entscheidung

schiefgeht, weil Risiken übersehen wurden, dann ist kein Einzelner schuld, sondern lediglich das Kollektiv – also niemand.

Es ist gut, ein Meeting dafür zu nutzen, möglichst viele Risiken aufzulisten, denn mehr Köpfe wissen mehr. Doch es ist noch besser, wenn am Ende ein Einzelner die Verantwortung für die Entscheidung übernimmt. Damit ist sichergestellt, dass die Risiken nicht nur vollständig aufgelistet, sondern auch verantwortlich eingeschätzt werden.

Ihre Risiko-Architektur

Für die Risikobehandlung gibt es nützliches Handwerkszeug. Die vollständige kollektive Auflistung aller Risiken haben Sie bereits kennengelernt. Hier kommen weitere:

Bewerten Sie Risiken!
Wenn Sie alle möglichen und denkbaren Risiken gesammelt haben, bewerten Sie sie und bringen Sie sie in eine Rangfolge.

Wie Sie das machen, bleibt völlig Ihnen überlassen. Es gilt nur eines: Sie müssen mit dem gewählten Bewertungsverfahren gerne umgehen, weil es für Sie einfach, schnell und leicht ist. In der Praxis am beliebtesten ist die Ampel-Bewertung.

Die Ampel-Bewertung
Rot = akutes und gravierendes Risiko. Gelb = Risiko, das demnächst akut oder gravierend werden könnte. Grün = Bagatellrisiken und Risiken mit geringer Eintrittswahrscheinlichkeit und Schwere.

Natürlich empfiehlt sich im beruflichen Kontext eine quantitative Bewertung, die alle noch von der Schule her kennen: Risikobewertung = Eintrittswahrscheinlichkeit × Höhe des potenziellen Risikoschadens in Euro. Mithilfe dieser Formel lassen sich sehr anschauliche Risikokennzahlen ermitteln. Viele fortschrittliche Unternehmen arbeiten inzwischen damit. Wenn Ihnen das zu kompliziert ist – egal. Wir kennen Manager und andere Menschen, die ihre Risiken per Word-Tabelle in drei Spalten einschätzen: Links steht das jeweilige Risiko, in der Mitte die aktuelle Bewertung (Ampelfarbe oder A, B, C oder unterschiedliche Anzahl Sternchen) und in der dritten, breitesten Spalte die Begründung für diese Kategorisierung. Klingt einleuchtend? Ist es auch. Was fehlt trotzdem noch? Denken Sie nicht nur dreidimensional, sondern auch an die vierte Dimension:

Wichtig bei der Risikobewertung ist nicht die Art der Bewertung, sondern dass Sie überhaupt bewerten.

Es gibt keine einmalige Risikoeinschätzung
Selbst viele Manager nehmen lediglich zu Beginn einer Investition oder eines Projektes eine Risikoeinschätzung vor. Das ist fahrlässig. Denn die Welt bleibt nicht stehen. Täglich verändern sich Risiken. Also sollten Sie mindestens wöchentlich Ihre Risikoliste durchgehen und Ihre Einschätzungen überprüfen und gegebenenfalls aktualisieren.

Das wird in der Praxis definitiv zu wenig gemacht. Die Aktualisierung von Risiken folgt eher dem Akutprinzip: „Oh, jetzt ist der Dollar noch weiter gefallen – was machen wir denn nun?" Woran liegt das? Immer am Mindset, das wir oben bereits kennengelernt haben.

Das größte Problem des Risikomanagements ist, dass die meisten Menschen es mit Krisenmanagement verwechseln.

Immer wieder sagen uns Menschen: „Schon wieder ist eine Panne aufgetreten! Aber wir sind inzwischen ganz gut im Feuerlöschen. Nach drei Tagen spätestens haben wir die Lage wieder im Griff." Das ist Krisenmanagement. Risikomanagement hätte verhindert, dass es überhaupt eine dreitägige Krise gibt.

Legen Sie die Verantwortlichkeit fest!
Wofür niemand verantwortlich ist, das wird auch nicht gemacht.

Wenn Sie am Arbeitsplatz Risikomanagement einführen oder modernisieren wollen, müssen Sie dafür einen Verantwortlichen bestimmen, der sich seinerseits eine Risk Task Force funktionsübergreifend zusammenstellt. Wiederum ist dabei nicht wichtig, wie „risikokompetent" der/die Verantwortliche ist. Hauptsache, das Mindset stimmt. Die Kompetenz kommt dann mit Learning by Doing und der üblichen Weiterbildung.

Wenn Sie selbst für das Risikomanagement zuständig sind, dann sollten Sie einen Jour fixe festlegen, an dem Sie regelmäßig eine (halbe) Stunde lange Ihre Risikoliste durchgehen und die Bewertungen aktualisieren. Ja, klar, was sollen Sie denn noch alles tun? Leider gilt auch für das Risikomanagement: Wenn es nicht zur Gewohnheit gemacht wird, wird es verschlafen. Glücklicherweise tritt aber auch hier der Lernkurveneffekt ein: Je regelmäßiger Sie es betreiben, desto weniger Zeit benötigt es und desto mehr Spaß macht es.

Die eigentliche Risikobehandlung

Wenn Sie ein Risiko festgestellt und bewertet haben, dann entwerfen Sie Möglichkeiten, wie Sie es vermeiden, sich vor ihm schützen, sich dagegen versichern oder wie Sie es im Notfall beheben können (mit sogenannten Notfall- oder Schubladenplänen).

Wenn Sie unter Zeitdruck und/oder Ressourcenknappheit stehen, dann sollten Sie Ihre Risiko-Rangliste von oben herab abarbeiten, also bei den am schwersten gewichteten Risiken beginnen und dann nach unten weitergehen. Die eigentliche Risikobehandlung ist deshalb erfahrungsgemäß problemlos, weil einem vernünftigen Menschen immer mehrere Maßnahmen dazu einfallen.

Matthias zum Beispiel kann das Risiko, sich finanziell beim Hauskauf zu ruinieren, dadurch vermeiden, dass er mietet statt kauft. Er kann sich gegen das Risiko auch mehr oder minder schützen, indem er eine besonders langfristige und flexible Kreditregelung mit seiner Bank trifft und zusätzlich Finanzierungsreserven einplant. Wenn das jetzt wie aus dem Ärmel geschüttelt klingt, haben Sie Folgendes richtig erkannt:

Die Trivialität des Risikos

Über die meisten Risiken sagen wir: „Mensch, das hätte ich mir aber auch denken können!“ – *nach* ihrem Akutwerden.

Eben weil Risiken meist sehr trivial sind – aber chronisch übersehen werden –, fallen einem vernünftigen Menschen immer genügend Maßnahmen ein, mit denen er ein Risiko vermeiden, sich davor schützen, sich dagegen versichern oder sich gegen den Ernstfall wappnen kann.

Entwickeln Sie einen Blick fürs Risiko!

Warum haben in der letzten Wirtschaftskrise eigentlich so viele Menschen viel Geld verloren? Weil ganz normale Volksbank-Kunden zum Beispiel nicht mehr mit ihren gewohnten Sparbuchzinsen zufrieden waren, sondern richtig fett Rendite machen wollten. Das ist legitim. Sie haben dabei lediglich ein ehernes Gesetz des Risikomanagements vergessen:

Die Risiko-Gleichung
Je höher Ihre Renditeaussichten, desto höher Ihr Risiko.

Das ahnten viele Menschen irgendwie. Sie konnten es lediglich nicht umsetzen. Der amerikanische Risiko-Professor Nicholas Taleb empfiehlt deshalb:

Die Bewertungs-Inversion
Bewerten Sie eine Entscheidungsoption nicht mehr nach ihrer Renditeaussicht, sondern nach ihrer Risikoperspektive.

Natürlich brachten Lehman-Zertifikate 5 bis 7 Prozent Rendite. Aber zu welchem Risiko? Wenn die Bank hopsgeht, ist das ganze Geld weg. Die USA haben alle sieben bis zehn Jahre ein Bankensterben. Unter diesem Aspekt ist das Risiko einfach zu hoch, doch es wurde nicht gesehen, weil alle nur nach der Rendite gierten.

Der beste Manipulationsschutz
Je heftiger Ihnen einer von Rendite, Gewinn oder Erfolgsaussichten vorschwärmt, desto fahrlässiger verschweigt er Ihnen Risiken.

Noch schärfer: Je begeisterter Sie von einer Option sind, desto sicherer können Sie sein, dass Sie Risiken übersehen. Risikobewusste Entscheidungen werden selten im Zustand der Begeisterung getroffen.

Seien Sie Ihr eigener Risk-Manager!
Je umfassender und realistischer Sie Risiken einschätzen und je sorgfältiger Sie sich gegen den Risikofall schützen, desto sicherer entscheiden Sie.

Ziehen Sie's durch!

Willkommen im wichtigsten Kapitel des Buches, wir könnten es auch das wichtigste Kapitel Ihres Lebens nennen. Das würde zwar ein wenig pathetisch klingen, aber wahr ist es allemal.

Denn auf den folgenden wenigen Seiten werden wir die Basis jeden Erfolgs betrachten. Woraus besteht sie? Daraus, richtige Entscheidungen treffen – logisch, deshalb sind wir hier. Aber möchten Sie noch ein wenig genauer raten? Wir geben Ihnen zwei Tipps in Form von zwei Beispielen:

Tipp 1: Janas Waage zeigt vier Kilo zu viel an. Jana entscheidet sich für eine Low-Carb-Diät und eine Anmeldung im Sportstudio um die Ecke. Drei Wochen nach ihrem Entschluss war sie zweimal im Studio und isst mittags immer noch meist in der Imbissbude. Warum, wenn sie doch die richtige Entscheidung getroffen hat?

2. Tipp: Ein Messgerätehersteller leidet unter Auftragsrückgang. Er holt sich einen Unternehmensberater ins Haus, der wochenlang Prozesse und Strukturen des Unternehmens auf Kosten- und Effizienzpotenziale hin untersucht. Danach legt er ein 300 Seiten starkes Dossier vor, in dem 129 Potenziale identifiziert sind, die die Kosten des Unternehmens um 14 Prozent senken und einzelne Prozessgeschwindigkeiten verdoppeln könnten. Das Dossier liegt seit Wochen in der Schublade des Geschäftsführers. Das

trifft übrigens auf 80 Prozent aller Empfehlungen von Unternehmensberatungen zu: Topmanager geben jährlich Milliarden Euro für Beratungen aus, deren Ergebnisse fast allesamt in den Schubladen ebendieser Topmanager verschwinden. Warum?
Welche richtigen Entscheidungen haben Sie in Ihrem Leben getroffen – und dann nicht (engagiert genug, schnell genug, umfassend genug, hartnäckig genug) umgesetzt? Warum haben Sie das getan? Weil Sie „undiszipliniert“ sind? Den „Hintern nicht hochkriegen“? Das sind die üblichen Erklärungen. Sie sind populär. Und falsch.

Misserfolg hat einen Grund
Wir scheitern in der Realisation, weil wir die Umsetzung einer Entscheidung gar nicht oder schlecht vorbereiten.

Was heißt das? Nehmen wir das Beispiel eines Werkstattleiters. Er sagt in der Teambesprechung: „Leute, der Direktor hat mich böse angerüffelt, weil unsere Lehrwerkstatt aussieht wie bei Hempels unterm Sofa. Also, das muss ein Ende haben!“ Alle nicken. Natürlich muss das ein Ende haben! Richtige Entscheidung. Was passiert? Bestimmt ahnen Sie es.
Zwei Wochen später steht der Direktor selber in der Teambesprechung und brüllt: „Hat denn keiner von euch daran gedacht, mal die Lehrwerkstatt aufzuräumen? Mensch, da können doch Unfälle passieren!“ Die Auszubildenden

gucken verlegen, bis einer den Mut findet und sagt: „Natürlich hat unser Werkstattleiter entschieden, dass sich das ändern muss. Aber er hat nicht gesagt, wer das übernehmen soll und wie oft wir das machen müssen. Also haben ein paar von uns immer freitags aufgeräumt. Offensichtlich reicht das nicht. Warum hat man uns das nicht gesagt?" Weil die Topmanager in diesem (wie in vielen anderen) Unternehmen unter einer Pathologie leiden:

Die Realisations-Pathologie
Viele glauben, es sei damit getan, eine Entscheidung zu verkünden. Sie glauben, die Entscheidung realisiere sich danach von alleine, weil alle Betroffenen schon wüssten, was von ihnen erwartet wird.

Dieser Glaube ist so naiv wie der Glaube an den Klapperstorch. Träfe er zu, bräuchten wir keine Führungskräfte, sondern lediglich Entscheider. Denn dann würden sich die Mitarbeiter von alleine von der Entscheidung zur Zielerreichung führen.

Die Erfolgsgarantie jeder Entscheidung
Wer die Realisation einer Entscheidung Schritt für Schritt plant und alle nötigen Voraussetzungen und Ressourcen mobilisiert, verschafft sich nichts weniger als eine Erfolgsgarantie.

Genau aus diesem Grund lautet die alte Management-Weisheit: Erfolg ist planbar! Hört sich gut an? Dann besorgen wir Ihnen diese Erfolgsgarantie.

Eine Garantie für Erfolg

Denken Sie an die schlampig aufgeräumte Werkstatt von eben. Wie hätte sich der Werkstattleiter die Blamage vor seinem Direktor ersparen können? Indem er nicht gesagt hätte: „Also, das muss ein Ende haben!" Sondern: „Ab sofort räumen sämtliche Azubis 20 Minuten vor jedem Feierabend die Werkstatt auf! Und zwar so, dass sämtliche Unfallverhütungsvorschriften erfüllt sind. Ich nehme fünf Minuten vor Feierabend die Werkstatt ab. Für grobe Mängel verteile ich Strafarbeiten!"

Die W-Formel
Entscheidungen, die mit der W-Formel realisiert werden, haben eine 80-prozentige Erfolgsgarantie. Entscheidungen, die nach dem Motto „Macht mal!" realisiert werden, tragen ein 80-prozentiges Flop-Risiko.

Die W-Formel lautet ganz einfach: Wer macht was mit wem bis wann mit welchem Ziel und welchen Sanktionen im Falle eines Versäumnisses? Diese Formel versteht jedes Kind. Trotzdem wird sie selbst im Management kaum verwendet. Weil Manager weniger intelligent sind als Kinder? Nein. Weil die meisten Erwachsenen glauben, dass nach einer Entscheidung „doch jedem klar sein muss, was nun zu tun ist". Das ist so offensichtlich nicht der Fall, dass wir uns gelegentlich fragen, wie das ein vernünftiger Mensch übersehen kann.

Was hätte Jana also besser machen müssen? Anstatt sich bloß im Sportstudio anzumelden, hätte sie diese richtige Entscheidung in die Realisation überführen müssen, indem sie w-formuliert: „Ich gehe ab kommenden Donnerstag jeden Donnerstag, Samstag und Dienstag direkt nach meinem Feierabend eine Stunde lang ins Studio. Wenn ich den Termin einmal versäume, werde ich ihn am Folgetag nachholen." Alle Ws sind abgedeckt. Das hat doch gleich einen ganz anderen Verpflichtungscharakter! Außerdem weiß Jana jetzt ganz genau, was sie machen muss, um ihre Entscheidung durchzusetzen. Was kann Jana noch tun, um sicherzugehen, dass ihre Entscheidung auch wirklich ans Ziel führt?

Setzen Sie Meilensteine!
Unterteilen Sie die Realisation einer Entscheidung in mehrere Phasen mit eigenen Phasenzielen – und kontrollieren Sie an diesen Meilenstein-Terminen!

Jana zum Beispiel setzt sich einen ersten Meilenstein: „Ein Kilo runter bis zum Samstag in zwei Wochen." Der Vorteil liegt auf der Hand: Wenn sie in zwei Wochen ein Kilo leichter ist, wird sie dieser schöne Erfolg für den kommenden Meilenstein beflügeln: Nothing succeeds like success. Zeigt die Waage immer noch vier Kilo zu viel an, dann weiß sie zumindest, dass sie etwas an ihrer Realisierung ändern muss und erspart sich vergeudete Zeit und viel Frust. Blöderweise passiert genau das: Nach zwei Wochen hat Jana nicht ein Kilo weniger, sondern sogar ein halbes zu viel! Ein böser Rückschlag.

Rückschläge meistern

Henry Ford sagte einmal: „Die meisten Menschen scheitern nicht. Sie geben auf." Und das relativ schnell. Fast 90 Prozent aller gescheiterten Unterfangen geben Menschen bereits in der Anfangsphase auf. Warum? Weil sie nicht mit Rückschlägen umgehen können. Weil sie diese meist noch nicht einmal antizipieren (können).

Lassen Sie sich von Rückschlägen nicht irritieren!
Sondern rechnen Sie mit ihnen, planen Sie sie ein.

Ein vernünftiger Entscheider wird sich im Voraus auf absehbare Rückschläge vorbereiten. Wenn der Werkstattleiter klug ist, wird er sich sagen: „Nach dem Anraunzer vom Direktor werden meine Leute jeden Tag die Werkstatt aufräumen – drei Tage lang. Danach reißt der alte Schlendrian wieder ein. Also: Was mache ich? Verschärfte Kontrollen? Ein Bild vom Direktor in der Werkstatt aufhängen? Schlafmützen bestrafen? Die Fleißigen belohnen?“

Die meisten Menschen, die zum Beispiel abnehmen wollen, planen nicht mit Rückschlägen. Sie erliegen der Versuchung eines Sahnestückchens – und geben ihre Diät auf. Wegen eines einzigen Sündenfalls! Das ist naiv. Würde sich die Evolution ähnlich schnell enttäuschen lassen, gäbe es den Menschen nicht. Denn bis der Evolution endlich der Homo sapiens gelang (falls in diesem Zusammenhang von Gelingen geredet werden kann), hat sie Tausende Rückschläge weggesteckt.

Auffallend ist, dass bestimmte Menschen viel weniger oft von Rückschlägen gepeinigt werden als andere. Was machen die anders? Nehmen wir zum Beispiel einen Kollegen des Werkstattleiters, den Fertigungsleiter der Firma. Dessen Fertigungsstraße sieht immer picobello aus; selbst an jenen Plätzen, an denen ausschließlich Azubis arbeiten. Was macht er anders? Er grinst und sagt: „Bestimmte Entscheidungen kann man nicht einfach anweisen. Da muss man die Leute vorher einbeziehen, Betroffene zu Beteiligten machen.“ Was macht der Fertigungsleiter da?

Schaffen Sie die Voraussetzungen!

Wer eine Entscheidung trifft, muss für deren Realisierung auch die Voraussetzungen schaffen.

Jana tut das nicht. Sie nimmt sich vor, dreimal die Woche eine Stunde ins Studio zu gehen – obwohl sie, wie die meisten Menschen, keine drei Stunden pro Woche zur freien Verfügung hat! Sie müsste erst die Voraussetzungen dafür schaffen, sich also drei Wochenstunden freihalten. Das tut sie aber nicht, und deshalb war sie in drei Wochen nur zweimal im Studio. Weil sie zwar die richtige Entscheidung getroffen, aber nicht die Voraussetzungen dafür geschaffen hat.

Je eher Sie die nötigen Voraussetzungen schaffen, desto weniger Rückschläge werden Sie erleben. Und wenn sie trotzdem eintreten?

Der Werkstattleiter sagt irgendwann: „Schon wieder sieht die Werkstatt so schmuddelig aus! Die lernen das nie. So ist die heutige Jugend eben: schlampig, dreckig, faul." Nein, so ist der Werkstattleiter eben: ziemlich leicht zu entmutigen.

Wir leben in mutlosen Zeiten: Wir haben uns alle mehr oder minder daran gewöhnt, dass die Arbeitgeber, die Politiker und die sozialen Institutionen uns das meiste abnehmen. Jeder kleine Rückschlag lässt uns gleich ans Aufgeben denken – oder nach dem großen Bruder schreien. Was nützt Ihnen die beste Entscheidung, wenn Sie schon nach wenigen Rückschlägen aufgeben?

Anders gefragt: Wie schaffen es selbst in diesen mutlosen Zeiten einige, ihre Entscheidungen gegen alle Widerstände zu realisieren? Mit zwei Voraussetzungen: Werten und Wahrnehmung.

Werte und Wahrnehmung

Es ist schon verrückt: Beim Fertigungsleiter räumen die Azubis jede kleine Schraube vom Boden auf, während sie beim Werkstattleiter selbst Ölflecke nicht aufwischen. Und es sind ein und dieselben Azubis! Das heißt, der Fertigungsleiter kann seine Entscheidungen durchsetzen, der Werkstattleiter nicht. Warum?

Es gibt viele Faktoren der Durchsetzungsstärke. Doch der stärkste ist die Wertanbindung einer Entscheidung. Der Werkstattleiter sagt: „Die lernen das nie!" Der Fertigungsleiter meint: „Das wäre doch gelacht, wenn ich als alter Meister diesen Anfängern nicht Ordnung beibringen könnte!" Wo liegt der Unterschied?

Der Fertigungsleiter knüpft seine Entscheidung an starke Werte: seine Ordnungsliebe und sein Selbstverständnis als Meister (es gibt keinen stärkeren Wert als die Identität). Der Werkstattleiter dagegen knüpft seine Entscheidung an gar keinen Wert, sondern schiebt die Schuld weg von sich, weg von seinen Werten, auf die mangelnden Werte der Azubis.

Wertbasierte Entscheidungen

Sie setzen eine Entscheidung umso schneller, leichter und sicherer durch, je höher die eigenen Werte sind, an die Sie sie knüpfen.

Ehrlichkeit, Fairness, Ordnung, Gerechtigkeit, Verantwortung, … Diese und andere hohe Werte verleihen den Mut und die Hartnäckigkeit, selbst unpopuläre Entscheidungen durchzusetzen, und das auch gegen große Widerstände. Was auch erklärt, warum wir in mutlosen Zeiten leben: In Zeiten des Werteverfalls nimmt auch der Mut ab, weil das eine Voraussetzung des anderen ist.

Jana zum Beispiel schwänzt das Sportstudio, weil sie im Grunde ihres Herzens „gut aussehen" will. Schönheit aber ist selbst für die meisten Frauen nur ein oberflächlicher Wert. Seit einiger Zeit geht sie zweimal die Woche ins Studio: „Weil mir das wirklich guttut. Ich bin hinterher wie ausgewechselt." Wohlbefinden ist für die meisten Menschen ein höherer Wert als Schönheit. Deshalb ist es besser, daran und nicht an den schwächeren Wert eine Entscheidung zu knüpfen.

Der zweite wichtige Erfolgsfaktor ist die Wahrnehmung des Entscheiders. Der Werkstattleiter sagt: „Die lernen das nie!" Der Fertigungsleiter sagt: „Heute Morgen lag wieder Papier auf dem Boden. Warum nur Papier? Was hat das für eine Bewandtnis?"

Die Wahrnehmung steuert den Erfolg

Wer nur Fehler wahrnimmt, entmutigt sich selbst. Wer Verbesserungspotenziale und Ursachen/Wirkungszusammenhänge wahrnimmt, bringt seine Entscheidung einen Schritt weiter.

Da wir in mutlosen Zeiten leben, schauen wir alle hauptsächlich auf Fehler. Das ist Folge und zugleich Ursache der verbreiteten Mutlosigkeit.

Da wir in der Beratung arbeiten, erleben wir diese Wahrnehmungsschwäche täglich massiv. Die meisten Unternehmer und Manager sagen uns: „Dies und jenes hat schon wieder nicht geklappt. Was ist los mit unseren Kunden? Kapieren die das denn nie? Wir haben doch schon alles versucht!" Dann wissen wir sofort: Selbst wenn dieser Unternehmer oder Manager sich für den Stein der Weisen entscheiden würde, die Entscheidung würde ihm nichts nützen. Denn er schaut nur auf Fehler und kann obendrein nicht damit umgehen. Eine fatale Kombination.

Gewöhnen Sie es sich ab, Fehler zu sehen. Achten Sie nur noch auf Verbesserungspotenziale.

Andere empfangen uns schon mit den Worten: „Da ist ein Problem bei der Kundenbetreuung aufgetaucht. Lassen Sie uns Lösungen diskutieren!" Dann wissen wir gleich: Diesem Menschen kann geholfen werden! Denn er schaut nicht auf Probleme, sondern auf Lösungen. Nicht auf das, was nicht funktioniert, sondern auf das, was er verbessern könnte.

Lebenslanges Lernen

Obwohl der Begriff geläufig ist, praktizieren nur die wenigsten lebenslanges Lernen.

Die meisten treffen eine Entscheidung, machen die ersten Umsetzungsschritte, stoßen dann auf ein Hindernis – und kommen erst einmal nicht weiter. Entweder sie geben dann auf oder versuchen es erneut. Was stimmt daran nicht? Richtig: Es reicht nicht, es erneut zu versuchen. Denn wenn ich nicht herausfinde, **warum** ich beim ersten Mal hängen geblieben bin, bleibe ich ganz bestimmt wieder hängen. Also muss ich herausfinden, was schiefging, eine neue Lösung entwickeln, diese ausprobieren und eventuell danach noch einmal verändern.

Das hört sich einfach an. Aber glauben Sie uns: Die meisten Menschen müssen das erst noch lernen, und viele verstehen es noch nicht einmal. Deshalb betrachten wir ein Beispiel dazu.

Sandra ist Innendienstleiterin eines Unternehmens und soll einen neuen Service verkaufen. Eine gute Entscheidung, denn Services bringen Umsatz. Leider stellt sich nach den ersten hundert Telefonaten ihrer Innendienstverkäufer heraus: Die Kunden wollen den neuen Service nicht! Warum nicht? Die häufigsten Gründe: „Kein Geld dafür!" und „Unsere alte Lösung tut's uns auch!" Sandra regt sich auf: „So ein Quatsch! Eben weil die alte Lösung viel zu ineffizient ist, haben wir doch den neuen Service entwickelt!" Was macht Sandra? Richtig, sie sieht wieder nur den Fehler, die Schuld, die Dummheit der Kunden. Selbst wenn die Kunden dumm wären (was sie nicht sind): Was würde das helfen?

Die Schuld auf andere schieben hilft nicht. Lösungen suchen hilft.

Sandra muss die Lösung suchen. Also bietet sie den Service in einer „Testaktion“ zum Schleuderpreis an, doch immer noch greifen kaum Kunden zu. Das heißt: Es liegt nicht am Preis. Die Kunden behaupten das nur. Sandra sagt: „Die lügen uns an!“ Das ist schon wieder ein Fehlerdenken! Ihre Vertriebsassistentin sagt: „Wenn es nicht am Preis liegt, muss es am Nutzen liegen: Die Kunden sehen nicht, dass unser Service ihnen mehr nutzt als ihre alte Lösung.“ Das ist Lösungsdenken. Also überlegen sich die Innendienstverkäufer, wie sie belegen können, dass ihr Service besser ist als die alten Kundenlösungen. Mit diesem Beweis gehen sie wieder zum Kunden. Dieser wird wieder ganz sicher „etwas Dummes“ sagen, also ein Hindernis aufwerfen, das die Verkäufer dann wieder überwinden werden. So lange, bis alle Hindernisse überwunden sind und die Kunden den neuen Service annehmen.

Das ist aber mühselig? Richtig, doch es ist die einzige Möglichkeit, eine Entscheidung in der Realität durchzusetzen: Hindernis für Hindernis. Dazu zählen übrigens auch böse Menschen, die Ihnen in die Suppe spucken.

Wenn Ihnen einer in die Suppe spuckt

Wir tun oft so, als ob unsere Entscheidungen nur uns etwas angehen. Doch selbst wenn Jana abnehmen will, also eine Entscheidung trifft, die nur sie allein betrifft, haben andere

Menschen Einfluss darauf: ihr Freund, ihre Familie, die Trainer im Sportstudio. Und das ist meist gar nicht gut.

Die systemische Rückkopplung
Egal, welche Entscheidung Sie treffen: Irgendjemand spuckt Ihnen garantiert in die Suppe!

Unser vorbildlicher Fertigungsleiter zum Beispiel beschließt, dass seine Maschinenbau-Azubis mehr vom Kaufmännischen verstehen müssen, weil sie nur so beispielsweise ihre horrenden Ausschussquoten nachhaltig reduzieren lernen können. Einleuchtend, oder? Doch nicht dem Ausbildungsleiter des Unternehmens, der meint: „Das sind Maschinenbauer! Keine Kaufleute!"
Wer Entscheidungen trifft, muss diese gegen andere Menschen schützen (können). Dabei ist Abwehr der schlechteste Schutz. Wenn unser Fertigungsleiter dem Ausbildungsleiter widerspricht, was bringt ihm das? Lediglich eine unnötige Streiterei, einen Konflikt.

Betroffene zu Beteiligten machen
Der Fertigungsleiter hat den Ausbildungsleiter mit seinem vorschnellen Vorpreschen vom Betroffenen zum Beleidigten gemacht. Hätte er ihn schon vor seinem Vorschlag mit einbezogen, hätte er ihn zum Beteiligten gemacht.

Anstatt die einsame Entscheidung zu treffen, dass die Azubis mehr Kaufmännisches lernen sollen, hätte der Fertigungsleiter sich zuerst mit dem Ausbildungsleiter zusammensetzen und ihn fragen sollen: „Ich habe den Eindruck, die Azubis sollten besser kalkulieren können, um zum Beispiel die finanziellen Folgen ihrer Ausschussproduktion auf Heller und Pfennig ermitteln zu können. Was meinen Sie dazu?" Mit dieser frühen Kontaktaufnahme und einer anschließenden offenen Diskussion der Standpunkte und Interessen hätte er ihn ins Boot geholt.

Überlegen Sie, wer etwas gegen Ihre Entscheidung haben könnte – und holen Sie ihn ins Boot, bevor Sie die Entscheidung treffen!

Genauso wichtig ist es auch, Fürsprecher zu aktivieren. Sie treffen eine Entscheidung? Gut. Wer könnte Sie bei deren Realisation unterstützen? Suchen Sie sich einen solchen Entscheidungspaten. Jana sagt: „Ich habe meine Schwester gebeten, mich zu unterstützen. In Gesundheitsfragen kennt sie sich aus und kann mir auch den Rücken stärken, wenn ich einmal schwach werde."

Dasselbe Prinzip trifft auf Entscheidungen zu, für die Sie die Zustimmung, Mitarbeit oder zumindest die stille Duldung von vielen benötigen. Wenn Sie diese vielen vor die vollendete Entscheidung stellen, können Sie mit der üblichen Drittelverteilung rechnen.

Deshalb sind Unternehmen so schwer zu führen: Die Belegschaft opponiert zu zwei Dritteln selbst gegen Maßnahmen, die ihnen die Arbeitsplätze retten oder sichern sollen – allein deshalb, weil sie die Entscheidung nicht versteht und/oder nicht nachvollziehen kann und/oder ihr misstraut.

Das Prinzip der kritischen Masse
Reden Sie noch vor einer Entscheidung mit so vielen, vor allem den Meinungsführern, dass Sie schnell die kritische Masse von zwei Dritteln Befürwortern erreichen.

Vertrauen Sie Goethe

Warum erreichen nur so wenige Menschen das, was sie sich (an großen Dingen) vornehmen? Weil die Welt ziemlich komplex ist. Selbst die Welt im Blumentopf: Was ist, wenn das Blümchen welkt? Zu wenig Wasser oder zu viel? Zu wenig Dünger oder zu viel? Zu wenig Licht oder zu viel?
Die meisten Menschen lösen diese Probleme nie, sondern werfen die verwelkte Topfpflanze weg und kaufen eine neue. Das heißt, sie sind mit ihrer Entscheidung, eine Pflanze zu halten, gescheitert, haben die Rückschläge nicht überwunden und daraus auch nichts gelernt. Und wenn das schon mit einer Pflanze nicht funktioniert …
Eine gute Bekannte beklagte sich einmal, dass ihr Mann ihr nie zuhört, wenn er von der Arbeit kommt: „Ich habe schon alles probiert!“ – „Alles?“, fragten wir halb im Scherz. Da es eine sehr kluge Frau ist, nahm sie sich die dumme Zwi-

schenfrage sehr zu Herzen. Einige Zeit später trafen wir sie wieder. Sie strahlte: „Ich habe eure Anregung von damals ernst genommen und mir eine Liste gemacht. Links habe ich meine einzelnen Maßnahmen aufgelistet, rechts seine Reaktion darauf." Eine etwas ungewohnte Methode zur Behebung von Eheproblemen, aber wirksam: „Ich habe acht unterschiedliche Dinge probiert, um ihn zum Reden zu bringen. Beim neunten hat es geklappt!"

Mehr Transparenz!
Wenn sich ein Hindernis auf dem Weg der Realisation einer Entscheidung nicht mit den ersten beiden Versuchen überwinden lässt: Systematisieren Sie das Problem und Ihre Lösungsansätze samt Ergebnissen schriftlich!

Es geht einfach nicht anders. Immer wieder kommen wir in Unternehmen, bei denen wir nach einigen Stunden der Beratung feststellen müssen: „So weit waren wir doch schon! Diese Diskussion haben wir doch schon vor einem Jahr geführt. Und damals Lösungen entwickelt. Was ist aus diesen geworden?" Keiner weiß das. Keiner hat es niedergeschrieben. Wir fangen wieder von vorne an, erfinden das Rad neu. Was für eine Verschwendung! Einmal ganz davon abgesehen, dass auf diese Weise Entscheidungen nie zur Durchsetzung verholfen wird.

Wie Goethe schon schrieb: „Was du schwarz auf weiß besitzt, kannst du getrost nach Hause tragen."

Notieren Sie Ihre Lösungsansätze und deren Ergebnisse. Nur so können Sie bei komplexen Umsetzungsproblemen vermeiden, dass Sie die Fehler der Vergangenheit endlos wiederholen. Nur so können Sie sicherstellen, dass Sie relativ zügig und fast zwangsläufig auf die richtige Lösung kommen.

Übernehmen Sie Verantwortung!

Es klingt paradox, doch viele Menschen übernehmen nicht die Verantwortung für ihre eigenen Entscheidungen. „Wieso kapieren unsere Kunden das nicht?", „Unser eigener Chef torpediert uns!", „Ist sie blöd oder warum sieht sie nicht, dass sie meiner Entscheidung im Wege steht?"

Wer die Schuld bei anderen sucht ...
... mag sich zu Recht ärgern. Doch gleichzeitig schiebt er die Verantwortung von sich.

Diese Art der Ent-Verantwortung ist Gift für die Durchsetzung jeder Entscheidung. Die richtigen Sätze zu den falschen von oben lauten: „Wie muss ich argumentieren, damit unsere Kunden das endlich verstehen?", „Wie kann ich unseren Chef hinter unsere Entscheidung bringen?", „Wie kann ich sie dazu bewegen, meine Entscheidung zu unterstützen?"

Das sind ganz einfache Sätze. So einfach, dass sie meist missverstanden werden: „Aber wenn sie mir im Weg steht, dann ist das doch ihre Schuld und nicht meine!“ Das stimmt, ist jedoch leider irrelevant.
Nur wer die Verantwortung für die Realisation seiner Entscheidung übernimmt, wird diese auch garantiert ins Ziel bringen.

Die richtige Entscheidung ist wichtig
Doch wichtiger noch ist die Realisierung der Entscheidung. Übernehmen Sie dafür – wenigstens sich selbst gegenüber – die volle Verantwortung und ziehen Sie aus jedem Rückschlag nur die konstruktiven Schlussfolgerungen.

Prinzipiell richtig entscheiden

„Bevor du dich entscheidest – schlaf eine Nacht darüber!" Vielleicht kennen Sie diesen Rat, er ist sehr alt. Bei der Bundeswehr gilt das Prinzip heute noch: Zwischen Anlass und Beschwerde muss man eine Nacht verstreichen lassen, sonst wird selbst ein berechtigtes Anliegen nicht angenommen. Weil der unmittelbare Vorgesetzte oder die bearbeitende Stelle aus langer Erfahrung weiß: Mehr als die Hälfte aller Beschwerden regeln sich gütlich oder werden als Bagatellen erkannt, sobald man den Parteien eine Nacht Zeit gibt, zur Vernunft zu kommen.

Wir erkennen daran: Das Prinzip, eine Entscheidung erst einmal zu überschlafen, kann diese verbessern. Diese entscheidungsverbessernde Eigenschaft bieten Ihnen alle erprobten Entscheidungsprinzipien.

Diese Entscheidungsprinzipien klingen zwar meist etwas trivial. Doch mit ihnen ist nicht zu spaßen. Ihre Wirkung ist im Sinne des Wortes entscheidend. Wenn wir zum Beispiel Fehlentscheidungen von Menschen und Managern untersuchen, stellen wir ohne Ausnahme fest, dass stets gegen (mindestens) eines dieser Prinzipien verstoßen wurde. Das heißt:

Prinzipientreue lohnt sich
Wer seine Entscheidung klug an konstruktiven Prinzipien ausrichtet, wird belohnt.

Das heißt nicht, dass Sie zum „Prinzipienreiter" werden sollen! Deshalb lasen Sie eben: Wer sich **klug** an Prinzipien ausrichtet. Wenn Ihnen zum Beispiel jemand einen Tausend-Euro-Schein hinhält und sagt: „Nimm schnell, sonst geb ich ihn jemand anderem!", dann würde kein vernünftiger Mensch eine Nacht darüber schlafen. Das ist logisch – und ein Paradoxon:

Das Prinzipien-Paradoxon
Selbst wenn Sie sich nicht an Ihre Prinzipien halten, fahren Sie besser als ohne Prinzipien.

Wer Prinzipien hat, kann im gegebenen Fall begründet von ihnen abweichen (weil er erkannt hat, dass die begründete Abweichung vom Prinzip selbst ein Prinzip darstellt). Wer gar keine Prinzipien = Orientierung hat, ist wie ein Blatt im Wind, ist sich deshalb bei Entscheidungen immer etwas unsicher und entscheidet recht häufig schwach oder falsch. Sie lassen sich aber ungern von Prinzipien Ihre Entscheidungsfreiheit und Flexibilität beschneiden? Wunderbar. Flexibilität ist ebenfalls ein Prinzip. Sie sehen: Es gibt für jede(n) die passenden Prinzipien. Suchen Sie sich jene aus, die Ihnen weiterhelfen. Im Folgenden finden Sie eine reichhaltige Auswahl.

Die Position der Stärke

Markus entdeckt beim Internet-Buchhändler bei einem seiner Wunschbücher den Hinweis „Statt 24,50 Euro jetzt nur noch 22 Euro! Kaufen Sie jetzt!“. Markus kauft prompt die preisreduzierte gebundene Ausgabe. Drei Wochen später sieht er das Buch für 12 Euro beim Buchhändler um die Ecke: in der neu erschienenen, natürlich preisgünstigeren Taschenbuchausgabe. Der Internet-Händler wollte Markus keinen Preisvorteil verschaffen (tatsächlich erlebte Markus einen Preisnachteil). Der Händler wollte lediglich seine teuren gebundenen Exemplare abstoßen, bevor sie wegen der neuen Taschenbuchausgabe unverkäuflich werden. Markus hätte in einer einzigen Sekunde seines Lebens 10 Euro gespart, wenn er sich an ein uraltes Entscheidungsprinzip gehalten hätte:

Das Manipulations-Prinzip
Wo entschieden wird, wird manipuliert. Lernen Sie, Manipulationen zu riechen! Und bereinigen Sie Ihre Entscheidungsgrundlage um Manipulationsversuche.

Dann müssen Sie bald jedem so misstrauen, wie Sie einem Gebrauchtwagenhändler misstrauen würden? Und? Ist das so schlimm? Sie halten den Manipulateur ja nicht für einen schlechten Menschen. Sie sind sich lediglich dessen bewusst, dass jeder Mensch Eigeninteressen hat, die er ganz selbstverständlich durchsetzen möchte – auch gegen Ihre eigenen Interessen! Aus dem Manipulations-Prinzip ergibt sich logisch gefolgert eine weitere Maxime:

Das Prinzip der Interessensubtraktion
Ziehen Sie vom Inhalt einer Äußerung stets die dahintersteckenden Interessen ab. Warum rät Ihnen einer, was er Ihnen rät? Was würde es *ihm* nützen, wenn Sie seiner Meinung folgen würden? Und wie sehen seine Argumente aus, nachdem Sie diese Interessen von seinen Sachaussagen abgezogen haben?

Diese Fragen stellen wir uns in der Regel nicht. Nicht einmal bei der Partnerwahl, die immerhin über das Lebensglück eines Menschen entscheidet. Wie Sozialforscher ermittelten, glauben zum Beispiel Single-Frauen ungefähr 80 Prozent von dem Süßholz, das Single-Männer raspeln. Die partnersuchenden Damen konzentrieren sich so sehr auf ihre Auswahlentscheidung, dass sie größtenteils „vergessen", die Interessen der Kandidaten zu beachten und von ihren romantisch eingefärbten Aussagen zu subtrahieren.

Verheiratete Frauen glauben gerade mal 30 Prozent – obwohl das Süßholz ein und dasselbe ist –, weil Ehefrauen besser als Singles Manipulationsabsichten erkennen können/wollen. Das gilt nicht nur bei Süßholzrasplern: Jeder Verkäufer, Berater, Vorgesetzte, Kollege hat nicht (nur) Ihr Wohl, sondern (vor allem) seine eigenen Interessen im Kopf. Erkennen Sie sie und ziehen Sie diese von seinen Sachaussagen ab – erst die Differenz ergibt eine sichere Entscheidungsgrundlage.

Was passiert, wenn Sie sich mithilfe der Interessensubtraktion von den Interessen anderer unabhängig machen? Ihre Unabhängigkeit und Ihre Selbstständigkeit wachsen. Diese Unabhängigkeit sollte eines der obersten Prinzipien Ihres Lebens und Ihrer Entscheidungsfindung sein. Denn nur wer eigenständig entscheidet, entscheidet aus einer Position der Stärke heraus.

Das Prinzip der Souveränität

Jede Entscheidung, die Ihre Eigenverantwortlichkeit stärkt, ist eine gute Entscheidung. Und umgekehrt: Jede im Status der Autonomie getroffene Entscheidung ist eine gute Entscheidung.

Helmuts Chef verspricht Helmut die Position des Vertriebsleiters – schon seit drei Jahren. Leider kommt immer irgendetwas dazwischen: Mal hängt der alte Amtsinhaber noch ein Jährchen dran, dann wieder ist Restrukturierung angesagt. Helmut sagt: „Muss ich halt noch ein wenig Geduld haben!“ Was ist das? Klar, eine Entscheidung – auch wenn Helmut das nicht wirklich bewusst ist. Doch ist es auch eine gute Entscheidung? Was meinen Sie?

Es ist natürlich eine schwache Entscheidung, weil sie Helmuts Eigenverantwortlichkeit schwächt: Wer wartet, übernimmt keine Verantwortung für sich und seine Wünsche. Wer wartet, ist passiv. Psychologen sprechen hier von der Opferhaltung.

Sie haben auch eine Verantwortung sich selbst gegenüber. Wird Ihre aktuelle Entscheidung dieser Verantwortung gerecht?

Als Helmut im Executive Coaching klar wird, dass er mit seinem Warten auf den Chef seine Verantwortung für seine eigene Karriere verrät, korrigiert er seine Entscheidung: „Ich rede noch mal mit meinem Vorgesetzten und klopfe auf den Busch. Ich frage, woran es diesmal liegt. Ich unterstütze ihn dabei, das aktuelle Hindernis auszuräumen. Dann rede ich vertraulich mit dem Vorstandssprecher, was er für mich tun kann. Und parallel dazu höre ich mich bei den Headhuntern um – nur so, um eine zweite Option und eine bessere Verhandlungsbasis zu haben."

Das klingt schon ganz anders: stark, eigenständig, selbstbewusst, aktiv. Was prinzipiell gut ist.

Das Prinzip des Handelns

Handeln ist besser als warten. Aktiv ist besser als passiv.

Handeln wir nach dieser Maxime? In der Regel nicht. Martha ist Innendienstleiterin und erlebt, wie ihre ganze Bran-

che, gerade eine Nachfrageflaute. Was sagt sie? „Da müssen wir durch. Den anderen geht es ja auch nicht besser. Irgendwann zieht die Konjunktur wieder an." Wie beurteilen Sie diese Entscheidung?
Es ist eine schwache Entscheidung. Während Martha die Hände in den Schoß legt, sagt ihre Amtskollegin bei der Konkurrenz: „Wenn es keine Arbeit gibt, dann schaffen wir eben welche! Wir bearbeiten den Markt! Wir telefonieren Kunden durch! Wir stellen Kampagnen ins Internet! Irgendetwas gibt es immer zu tun!" Warum redet Martha nicht so? Sie sagt: „Ich kann doch nichts für die Konjunktur! Was soll ich machen, wenn die Kunden gerade kein Geld ausgeben?" Das hört sich nicht nur schwach an, das ist tatsächlich neurotisch. Der Fachmann nennt das Entantwortung. Martha schiebt die Verantwortung für eine Situation auf andere Personen, auf die Umstände. Sie ignoriert völlig ihre eigenen Anteile an der Verantwortung für die Situation.

Das Prinzip der Verantwortung
Übernehmen Sie Verantwortung! Fragen Sie sich: Was von der aktuellen Situation liegt in meiner Verantwortung? Was kann ich beeinflussen?

Bitte beachten: Verantwortung heißt nicht Schuld. Sagen Sie nicht: „Ich bin schuld!" Sagen Sie: „Welche Anteile der aktuellen Situation liegen in meiner Verantwortung? Was kann ich dazu tun?" Schwache Menschen treffen schwache

Entscheidungen, weil sie die Verantwortung für so vieles in ihrem Leben ganz reflexhaft anderen in die Schuhe schieben. Der Umsatz lässt zu wünschen übrig? „Warum kaufen die dummen Kunden denn nicht! Sehen die nicht, wie gut unsere Produkte sind?" Das ist schwach, weil es die eigene Verantwortung ignoriert. Die starke Entscheidung lautet: „Was kann ich dazu beitragen, dass die Kunden mehr kaufen?" Selbst wenn ich damit keinen Erfolg habe: Mein Selbstwertgefühl steigt, weil ich handle. Glücklicherweise zeigt auch die Empirie: Wer nicht jammert sondern macht, wird immer belohnt. Vorausgesetzt, er/sie macht das Richtige (siehe „Ziele sind schlecht, Wege sind gut" am Ende dieses Kapitels).

Jennifer nimmt sich in einer Rechtssache einen Anwalt. Gute Entscheidung. Doch der schafft es nicht, binnen acht Monaten die Zwangsversteigerung einer Wohnung einzuleiten. Jennifer tobt: „Wieso kriegt der das nicht hin? Er ist doch der Fachmann für Rechtssachen!" Ganz schwach: Woran Jennifer leidet, nennt man Expertengläubigkeit, eine weitere Form der Entantwortung.

Das Prinzip der Verantwortung für die Supply Chain
Lassen Sie andere für sich arbeiten. Aber behalten Sie die Verantwortung dafür!

Viele Unternehmen leiden seit Jahren heftig unter der schwachen Qualität der sogenannten Low Cost Countries:

vergiftete Barbies, vergiftete Babymilch, vergiftete US-Hypothekendarlehen ... Sie entschuldigen sich dann gerne mit: „Unser Lieferant hat gepatzt!" Das ist keine Entschuldigung, sondern eine Entantwortung: Natürlich patzen Lieferanten! Aber wenn ich etwas bei einem Lieferanten bestelle, gebe ich zwar die Fertigung außer Haus – doch die Verantwortung dafür bleibt bei mir! Sonst fährt der Lieferant Schlitten mit mir! Warum begreifen das so wenige Manager (und andere Menschen)? Warum drücken sich so viele vor ihrer Verantwortung?

Weil es sehr viel einfacher ist, die Verantwortung wie eine heiße Kartoffel anderen zuzuschieben, uns der Verantwortung zu entledigen, uns zu entantworten. Das ist bequemer – und schlechter.

Das Prinzip der Bequemlichkeit

Fragen Sie sich bei jeder Entscheidung: Will ich es kurzfristig bequem? Oder will ich, dass es mir langfristig gut geht?

Das ist eine Frage der Einstellung – was uns zu einem ganz wichtigen Thema führt: der inneren Einstellung.

Einstellungen sind wichtiger als Tatsachen

Die deutsche Popsängerin Nena hat vor Jahren ein Kind verloren. Irgendwann saß sie in einer Talkshow und erzählte davon. Was wohl? Was meinen Sie?
Sie hätte sagen können: „Wie kann Gott das zulassen? Mein Leben hat jetzt keinen Sinn mehr." Und jeder hätte sie verstanden. Sie aber sagte: „Als es passiert ist, dachten wir uns: So schlimm das ist – was können wir aus all dem Leid lernen? Wofür ist unser Kind gestorben? Was lässt es uns zurück, was seinem Tod noch irgendeinen Sinn geben kann?" Wie konnte Nena bloß mit dem schrecklichsten Ereignis, das eine Familie heimsuchen kann, so reif und souverän umgehen? Weil sie die richtige Einstellung dazu gesucht, erarbeitet und gefunden hat:

Das Prinzip der inneren Einstellung
Wann immer Sie sich dafür entscheiden, Ihre Einstellung zu einer Situation konstruktiv zu überarbeiten, treffen Sie eine richtige Entscheidung.

Treffen wir diese Entscheidung? So gut wie nie. Die meisten Menschen wissen gar nicht, was eine Einstellung ist, und halten ihre Glaubenssätze für Tatsachen. „In meinem Alter findet man keinen neuen Job mehr!", „Frauen werden in diesem Unternehmen sowieso benachteiligt!", „Ich bin eben kein guter Redner!", „Warum immer ich?", „Das ist ja so gemein!"

Die meisten Menschen halten diese Äußerungen für unumstößliche Tatsachen. Dabei sind es lediglich Glaubenssätze, Hirngespinste des Konstruktivismus (wie der Fachmann das nennt).

Kann man das denn, einfach so seine Einstellung ändern? Ja, das ist einfach. Aber nicht leicht. Es kostet viel Überwindung und etliche Wiederholungen (siehe Kapitel 3), bis die neue Einstellung im Kopf verankert ist. Doch es funktioniert. Immer.

Stella, Fertigungsleiterin in einem Unternehmen für Laborbedarf, sagt: „Jedes Mal, wenn unser Chefcontroller mir an die Karre fuhr, dachte ich: ‚Er hat ja recht. Er kann mit Zahlen, ich nicht.' Deshalb habe ich es immer geschluckt. Mir war schon klar, dass Schlucken keine gute Entscheidung ist. Aber ich dachte immer, dass ich mit Zahlen eben nicht kann. Dann habe ich die Einstellung gewechselt: ‚Wenn er mit Zahlen kann und ich nicht, dann muss er mir das verdammt noch mal erklären, was er mir immer an den Kopf wirft!' Das habe ich mir jedes Mal gesagt, wenn ich ihm begegnet bin. Nach dem zwanzigsten Mal ungefähr hatte ich so viel Mut damit gesammelt, dass ich zum ersten Mal nachgefragt habe!" Und siehe da: Der Controller erklärte ihr nicht nur einige der KPIs,

Selbst wenn Sie in einer Situation gar nichts machen können, können Sie immer noch Ihre Einstellung ändern – und das ändert immer etwas! Meist sehr radikal.

Key Performance Indicators, die sie nie so ganz verstanden hatte. Er musste auch zugeben, dass er oft geblufft hatte, nur um sie unter Druck zu setzen. Es lohnt, an der Einstellung zu arbeiten.

Das ist in allen Kulturen bekannt. In Amerika sagt man zum Beispiel: „Nothing changes 'til it changes in me." Auch Goethe wusste das, als er sagte: „Alle Dinge sind bereit, wenn der Geist es ist."

Das Prinzip des größten Hebels
Wenn Sie in einer Entscheidung nicht oder nicht so schnell wie gewünscht weiterkommen: Verändern Sie Ihre Einstellung!

In der amerikanischen Kultur ist das ein Standardvorgehen. Dort sagen Menschen recht häufig zueinander: „Man, you got an attitude-problem!" Oder: „I don't like your attitude!" Bei uns ist das noch nicht so gebräuchlich. Umso besser für Sie, wenn Sie es bereits beherrschen: Sie verschaffen sich damit einen Vorsprung.

Im Coaching fragen uns viele: „Was ist die beste Einstellung?" Die spezifische Antwort darauf: Was Ihnen in einer konkreten Situation am besten hilft, Ihre Vorhaben zu verwirklichen. Die allgemeine Antwort darauf:

Die beste Einstellung
„Niemals kämpfe ich. Niemals gebe ich auf."

Lösungen sind wichtiger als Probleme!

Jonas ist Vorstand eines Messgerätebauers. Er sagt: „Warum läuft unsere Internet-Vertriebsschiene nicht? Liegt es am Design? An den Optionen? Am Bekanntheitsgrad?“ Er beruft einen Workshop ein, um diese Fragen mit seinen Topmanagern zu besprechen.
Während die Topmanager noch tagen, stellt ein umtriebiger Regionalverkaufsleiter eine Verkaufsaktion auf die Homepage. Die Click Rate (die Anzahl der Besucher auf der Seite) steigt binnen einer Woche um 20 Prozent. Wie konnte er ein Problem lösen, obwohl er nicht einmal dessen Ursachen kannte? Nicht obwohl, sondern gerade deshalb:

Das Prinzip der Lösungsorientierung
Bei einfachen Problemen lohnt die Ursachensuche. Bei komplexen ist sie schädlich. Wer ein Problem hat, sollte nicht ans Problem denken, sondern Lösungen suchen.

Nein, Sie brauchen die Ursachen eines (komplexen!) Problems nicht zu kennen, um es zu lösen. Es reicht, wenn Sie Lösungen suchen und ausprobieren.

Das Prinzip der großen Zahl
Je mehr Optionen Sie schaffen und ausprobieren, desto schneller kommen Sie zur richtigen Lösung.

Das weiß jeder, der schon einmal eine Wohnung suchte. Sich zu fragen, warum gerade Flaute auf dem Wohnungsmarkt ist oder warum die Preise so hoch sind, führt zu nichts, außer zu Frust. Wer dagegen munter Anzeigen sammelt, Chiffre-Zuschriften abschickt, Zettel aufhängt und Bekannte anspricht, hat noch immer etwas Passendes gefunden. Das heißt auch:

Das Prinzip der Flexibilität
Jede Entscheidung, welche die Anzahl Ihrer Optionen (und damit Ihre Flexibilität) erhöht, ist eine gute Entscheidung.

Die Systemiker sagen auch: „Das flexiblere Element steuert das System." Die wichtigste Flexibilität ist die sogenannte Muster-Flexibilität.

Nichts ist so beständig wie Konflikte. In fast jedem Unternehmen bekriegen sich Innen- und Außendienst. Seit Jahren. In Süddeutschland gibt es eine Beraterin, die löst diese jahrelangen Konflikte binnen weniger Minuten. Sie lässt beide Streithähne aufeinander los, identifiziert deren Kommunikationsmuster und fordert dann beide einfach auf, diese Muster zu ändern.

Wenn Sie das machen, was Sie immer machen, werden Sie das bekommen, was Sie immer bekommen.

Das Ergebnis ist verblüffend: Die hassen sich noch immer abgrundtief, doch allein weil sie ihre Muster ändern, hören

sie auf zu streiten – und beginnen daraufhin, sich gegenseitig mehr und mehr zu verstehen. Eigentlich müsste das jede Mutter wissen.
Jede Mutter (und jeder Vorgesetzte) hat schon mal entnervt ausgerufen: „Ich habe dir das hundertmal gesagt! Warum klappt das noch immer nicht!" Gravierende Fehlentscheidung: Wenn ich 99-mal Misserfolg hatte, dann werde ich auch beim hundertsten Mal Misserfolg haben – wenn ich dasselbe Muster verwende, das ich schon 99-mal verwendet habe. Neulich sagte so eine Mutter zu ihrem Neunjährigen: „Okay. Sag mir ehrlich, warum du deine schmutzigen Socken nicht wegräumst. Wir reden bloß darüber. Ich will gar nicht mehr, dass du sie wegräumst." Nach zwei Minuten hatte sich die Sache geklärt: Weil sie zum ersten Mal nicht anwies, sondern fragte (das Muster wechselte), redete der Kleine über seine Abneigung, seine Socken immer bis in den Wäschekeller zu tragen. Er bekam einen Wäschekorb direkt in seinem Zimmer – seither liegen 80 Prozent der schmutzigen Socken im Korb. Das sind 80 Prozent mehr als vorher.

Das Prinzip des Musterwechsels
Sie kommen nicht (schnell genug) ans Ziel? Wechseln Sie Ihr Muster!

Jeder Musterwechsel – ob Ihr Handlungs-, Denk-, Kommunikations- oder egal welches Muster! – ist eine gute Entscheidung.

Ziele sind schlecht, Wege sind gut

In allen Ratgebern steht, wie wichtig Ziele sind. Das würden Sie auch sagen? Warum fühlen Sie sich dann so schlecht damit?
Nehmen wir an, Sie müssen abnehmen, gesünder essen, mehr Sport treiben, endlich den Speicher aufräumen, sich mehr Zeit für die Familie nehmen, Ihre Leistungsziele im Beruf schneller und besser erreichen. Das alles sind Ziele. Machen Ihnen diese Ziele Spaß? Machen Sie sie glücklich? Oder zumindest erfolgreich? In den meisten Fällen leider nicht.

Das Ziel-Paradoxon
Ziele sind für die meisten Menschen nicht gut, weil Ziele zu sehr unter Druck setzen. Außerdem frustrieren sie, weil und wenn wir sie nicht (schnell genug) erreichen.

Natürlich sollen wir uns Ziele setzen – doch sofort danach sollten wir sie wieder vergessen und uns nur noch auf die Zielschritte konzentrieren. Jeder Sportler weiß das. Wenn ich mir vornehme, beim Tennis ein Ass zu schlagen (Ziel), dann landet der Ball ziemlich sicher im Netz oder im Aus. Aber wenn ich mir vornehme, und vor allem mit jeder Faser meines Körpers vorstelle, den Ball mit voller Wucht in die

Setzen Sie sich ruhig Ergebnisziele. Aber konzentrieren Sie sich auf Vorgehensziele.

äußerste Ecke des Aufschlagfeldes zu donnern (Prozess, Vorgang), dann wird daraus mit viel höherer Wahrscheinlichkeit ein Ass oder zumindest ein super Aufschlag.

Deshalb sagen die asiatischen Weisen: Der Weg ist das Ziel. Wer an ein Ziel denkt, verkrampft. Wer sich dagegen auf den Weg konzentriert, kommt ganz unverkrampft und viel sicherer und vor allem automatisch ans Ziel. Sich auf das Vorgehen zu konzentrieren, ist eine der wichtigsten Entscheidungen im Leben, die jeden Tag dutzendfach fällig wird.

Wer sich auf sein Vorgehen konzentriert, wird automatisch mit Erfolg belohnt: Er erkennt sofort die kleinen Fehler und Hindernisse, die er bei der Ausführung macht. „Die Kunden kaufen noch immer nicht, obwohl ich telefoniere wie blöd? Dann muss ich noch etwas falsch machen. Was könnte ich besser machen? Ja? Dann probiere ich das doch gleich mal aus. Und schreibe mir auf, was das Ergebnis ist. Und überlege, was ich noch besser machen könnte, dass ich noch besser dabei werde." Was ist das? Ein beständiger, kontinuierlicher und schrittweiser Musterwechsel. Manche nennen es auch Lernen.

Das Lernprinzip
Wer mithilfe konstruktiver Prinzipien jeden Tag, jede Stunde ein klein wenig besser wird, wird so zuverlässig mit Erfolg belohnt, wie jeden Tag die Sonne aufgeht.

Die zehn besten Entscheidungen

Sind Sie glücklich mit Ihrem Leben? Vollauf zufrieden? Wohl noch nicht ganz, sonst wären Sie nicht hier. Sie wollen mehr. Sie haben noch einige Wünsche offen.

Sie sind Ihren Träumen schon näher, als Sie vielleicht ahnen. Denn dass Sie dieses Buch lesen, heißt: Sie haben bereits vor dem Buchkauf die Goldene Regel erkannt.

Die Goldene Regel
Erfolg und Glück hängen von Entscheidungen ab.

Wenn ich mich für den richtigen Job entscheide, finde ich Glück, Arbeitszufriedenheit und Erfüllung im Beruf. Wenn ich mich für den richtigen Umgang mit dem Chef und Kollegen entscheide, werde ich von ihnen respektiert und geachtet (und in Ruhe gelassen). Wenn ich mich für den richtigen (oder keinen) Partner entscheide, werde ich glücklich in der Beziehung mit einem anderen Menschen oder mit mir selber. Wenn ich mich für ein ausgewogenes Fitnessprogramm mit Ausdauer-, Beweglichkeits-, Ernährungs- und Kraftaufbaukomponenten entscheide, werde ich mit einer guten Gesundheit belohnt und fühle mich stark und wohl in meiner Haut. Wenn ich mich für die richtige Weiterbildung entscheide, werde ich besser im Beruf und bekomme mehr Geld (wenn ich mich darüber hinaus für ein Gehaltsgespräch entscheide). Das alles sind Entscheidungen, die direkt zu Erfolg und Glück führen. Das Verrückte daran: Die meisten Menschen treffen sie nicht!

Die richtigen Entscheidungen treffen
Es ist wichtig, dass Sie richtig entscheiden (Wie entscheide ich?). Wichtiger ist, dass Sie die richtigen Entscheidungen treffen (Was entscheide ich?).

Wenn Sie mit irgendetwas in Ihrem Leben in irgendeiner Weise noch unzufrieden sind, dann bedeutet das Folgendes:

Wenn Sie unzufrieden sind ...
... könnte es daran liegen, dass Sie falsch entscheiden. Viel eher liegt es jedoch daran, dass Sie zu viele weniger wichtige Entscheidungen treffen und zu viele wirklich wichtige verdrängen, verschieben, verbummeln.

Endlich etwas für die Gesundheit tun. Diese Entscheidung zum Beispiel schieben Millionen Menschen täglich vor sich her – ohne sich dafür oder dagegen zu entscheiden. Endlich einmal wieder offen mit dem Partner reden, endlich den Speicher aufräumen, endlich mal wieder eine halbe Stunde Zeit nur für mich alleine, endlich dem Chef die

Meinung sagen, … Wir alle schleppen einen Riesenballast an solchen ungetroffenen, versäumten, verschleppten und verdrängten **wichtigen** Entscheidungen mit uns herum. Und, nein, das liegt nicht daran, dass wir einfach „keine Zeit" dafür haben, oder „keine Disziplin". Es liegt tatsächlich daran, dass wir für solche Vorhaben keine handlungsleitende und aktivierende Entscheidung treffen. Denn ohne Entscheidung keine Handlung. Welche wichtigen Entscheidungen schieben Sie vor sich her?

Bitte führen Sie diese Liste weiter. Wann immer Ihnen eine verbummelte Entscheidung einfällt: auf die Liste! Das macht anfangs zwar ein schlechtes Gewissen. Doch wenn Sie das überwunden haben (das kostet Aufwand, ist aber mit einem fürsorglichen inneren Dialog machbar), dann werden Sie erfahren: Wenn eine versäumte Entscheidung erst einmal auf der Liste steht, werden Sie sie viel eher, schneller und erfolgreicher treffen, als wenn Sie sie weiterhin verdrängen, aufschieben, bagatellisieren, wegerklären. Wie schon das Sprichwort sagt: Aus den Augen, aus dem Sinn.

Es gibt einige wichtige Entscheidungen, die förmlich auf Sie warten und darauf, getroffen zu werden. Die wichtigsten zehn dieser chronisch verdrängten Entscheidungen nehmen wir uns jetzt gemeinsam vor.

Karriere, Gesundheit, Beziehung, Selbstverwirklichung

Raten Sie mal: Was ist einer der häufigsten Anlässe, aus dem Berufstätige ins Coaching kommen?
Natürlich: Beförderung und Karriere. Aber nicht, warum Sie denken! Ein schockierender Prozentsatz frisch Beförderter kommt nur deshalb ins Coaching, weil er die Beförderung bereut! Sie haben zwar jetzt die tolle neue Position, mehr Gehalt, mehr Status und den besseren Firmenwagen. Doch jetzt müssen sie Mitarbeiter führen, den ganzen Schreibkram erledigen, verwalten, managen, sich durch Aktenberge kämpfen, mit Bürokraten ringen und mit dem Vorstand verhandeln. Das, was sie ihr Leben lang geliebt haben, dürfen sie nicht oder kaum mehr: konstruieren, entwickeln, montieren, verkaufen, tüfteln, bauen, Kunden betreuen, Budgets erstellen … In jedem Coaching fragen wir deshalb mit einem Augenzwinkern: Hätten Sie sich das denn nicht vorher denken können? Die Antwort: Nein, denn seltsamerweise machen die meisten Menschen Karriere, ohne jemals eine dezidierte Karriereentscheidung getroffen zu haben. Sie werden befördert, ohne sich wirklich dafür entschieden zu haben. Das ist verrückt. Und vermeidbar:

Treffen Sie die Karriereentscheidung! Jetzt.
Welche Karriere möchten Sie? Die Fach- oder die Führungskarriere? Wie hoch hinauf möchten Sie? Auf genau welche Position? Bis wann? Was wird dann von Ihnen verlangt? Was sind die Vor- und was die Nachteile der neuen Position? Was ist Ihr Plan B? In welchem Funktionsbereich überhaupt möchten Sie aufsteigen? In welcher Branche? Aus den Antworten ergibt sich Ihre individuelle Karriereentscheidung.

Warum stellen 90 Prozent aller Beförderten diese ganz trivialen Fragen nicht? Raten Sie mal. Weil sie bei der Aussicht auf Beförderung nur das Geld, den Status und eine unbestimmte Heilserwartung im Kopf haben. Das heißt, sie entscheiden sich nicht. Sie fallen auf den Köder herein, sie beißen an. Die Frage ist: Was möchten Sie sein? Fisch oder Mensch?

Entscheiden Sie sich für einen ganz bestimmten Karriereweg – bevor Sie ins Unglück befördert werden!

Aber könnten wir nicht alle ein wenig mehr Geld gebrauchen? Und bietet eine höhere Position nicht auch mehr Sicherheit? Ja, natürlich. Doch warum kommen dann so viele Menschen ins Coaching, die lieber nicht befördert worden wären, auch wenn sie dann auf eine schöne Stange Geld und mehr Sicherheit verzichten müssten? Weil der Mensch nicht nur vom Brot allein lebt. Das heißt: Ihre Karriereentscheidung hängt eng mit Ihrer Selbstverwirklichung zusammen.

Treffen Sie die Selbstverwirklichungsentscheidung!
Fragen Sie sich: Was macht mich wirklich glücklich? Wobei fühle ich mich wohl, produktiv, leistungsstark, einfach gut? Was gibt mir Kraft, anstatt Energie zu kosten? Wenn mir die Märchenfee erschiene und ich einen Berufswunsch frei hätte: Was würde ich für den Rest meines Lebens beruflich liebend gerne tun?

Man kann sich in der falschen Position nur unter hohem Aufwand selbst verwirklichen! Dass beide Entscheidungen untrennbar miteinander verknüpft sind, spürt auch Bertram, der binnen Jahresfrist Entwicklungsleiter bei seinem französischen Mutterkonzern werden soll. Soll er das? Will er das?

Seit Monaten fragt er sich das – und kommt zu keinem Ergebnis. Doch wenn ich auf eine Frage monatelang keine gute Antwort finde, dann sollte ich mit dem Suchen aufhören. Dann liegt es nämlich nicht an den falschen Antworten, sondern an der falschen Frage.

Die beste Antwort auf die Karrierefrage ist die Selbstverwirklichungsfrage.

Wir stellen Bertram im Coaching die Selbstverwirklichungsfrage: „Was machen Sie im Beruf am allerliebsten?" Lange überlegt er. Dann sagte er: „Mit dem Gehalt eines Abteilungsleiters könnten wir uns endlich das Häuschen im Grünen leisten! Aber Abteilungsleiter? Das bin ich nicht. Ich bin durch und durch Entwickler. Ich konstruiere für mein Leben gerne.

Als Abteilungsleiter komme ich dazu höchstens noch einen Tag die Woche! Das ist mir zu wenig. Aber wie erkläre ich meiner Frau, dass das Häuschen noch warten muss?" Damit stellt Bertram genau die richtige Frage. Er hat entdeckt, dass die Karrierefrage eng mit der Selbstverwirklichungsfrage zusammenhängt und diese wiederum eng mit der Beziehungsfrage:

Treffen Sie die Beziehungsentscheidung!
Nein, Sie sollen sich nicht von Partner(in) und Familie trennen (oder sich beides zulegen). Entscheiden Sie vielmehr: Wie sieht eine meinen Vorstellungen entsprechende Beziehung aus (zu anderen oder zu mir selbst)?

Anstatt leidend den stummen Tadel seiner Frau zu ertragen, spricht Bertram mit ihr. Im Coaching berichtet er: „Ich sagte ihr, dass unser Traum vom Häuschen im Grünen nicht gestrichen ist, sondern eben ein paar Jahre länger braucht. Und dass ein Häuschen im Grünen mir nicht meinen Seelenfrieden bei der Arbeit wert ist." Was hat sie darauf gesagt?
Sie zog zwar zuerst eine ziemliche Schnute. Doch dann meinte sie: „Ich habe **dich** geheiratet und kein Häuschen im Grünen. Meinst du, ich will so ein Häuschen, wenn du jeden Abend stinkig nach Hause kommst?" Das heißt nicht, dass alle PartnerInnen so reagieren. Das heißt bloß, dass die richtige Beziehungsentscheidung Kraft gibt. So oder

so. Bertram sagt: „Wenn sie auf dem Häuschen bestanden hätte, hätte ich ihr klarmachen müssen, dass das nicht nach ihren Vorstellungen laufen wird. Aber diese Kraft hätte ich dann gehabt, weil meine Entscheidung sie mir gegeben hätte. Weil ich jetzt weiß, was ich im Beruf und was ich in der Beziehung will." Weil er sich für beides entschieden hat. Das tut auch seiner Gesundheit gut – Abteilungsleiter sind sehr gestresst. Was uns zur letzten Entscheidung in diesem Quartett führt:

Treffen Sie die Gesundheitsentscheidung!
Wie wichtig ist Ihnen Ihre Gesundheit? Legen Sie die Priorität fest und stehen Sie zu dieser Entscheidung.

Wir kennen keine(n) über 27, der/die nicht mit berufsbedingten Problem(ch)en zu kämpfen hätte. Das Kreuz, die Augen, der Magen, Tinnitus, Magengeschwüre, Bluthochdruck, das Herz, der Stress … Oder ganz banal: das Gewicht, weil die Arbeit uns auffrisst und wir keine Zeit für gesunde Ernährung und ausreichend Bewegung haben. Und so schleppt sich das Jahr für Jahr hin, wird im Urlaub etwas besser und ist zwei Wochen danach wieder genauso schlimm wie vorher. Vier Wochen danach ist es schlimmer. Weil Arbeit gesundheitsschädlich ist? Ja, natürlich!
Die Frage ist: Welche Entscheidung treffen Sie auf Basis dieser Erkenntnis? Evangelina ist eine Grafikerin mit chronisch schmerzender Schulter (vom Mausschieben). Doch

mehr als die Schulter quält sie an manchen Tagen die Frage: „Was soll ich bloß tun? Ich kann mir doch nicht wegen des Jobs die Gesundheit ruinieren! Andererseits brauche ich das Geld zum Leben!" Evangelina braucht eine gesunde Schulter und einen guten Job. Doch noch viel dringender benötigt sie eine Entscheidung. Sie entscheidet sich für „dreimal die Woche Krankengymnastik. Ich ziehe das jetzt eisern durch."

Ihr Kollege Dieter leidet unter einem chronisch schmerzenden Rücken. Er entscheidet sich gegen Krankengymnastik: „Ich bin einfach zu undiszipliniert dafür. Ich schleppe mich dahin, bis es mich total umwirft und ins Bett schmeißt, dann kuriere ich mich aus." Dumme, gesundheitsschädliche, masochistische, unvernünftige Entscheidung? Absolut. Doch seit dieser Entscheidung fühlt sich Dieter besser, ist unverkrampfter – und auch das hilft seinem Rücken.

Es ist wichtig, dass Sie eine Entscheidung richtig treffen. Viel wichtiger ist, dass Sie die richtige Entscheidung treffen.

Selbst wenn Dieters Entscheidung Gift für seine Gesundheit ist: Er trifft sie wenigstens! Er stellt sich der Gesundheitsentscheidung. Und allein das bringt ihn schon entscheidend weiter. Weiter als die Kollegen, die diese Entscheidung nie treffen und deshalb jeden Tag unter einem doppelten Dilemma leiden: den körperlichen Schmerzen und den seelischen Schmerzen der Entscheidungsschwäche.

Selbst eine unvernünftige Entscheidung ist besser als gar keine Entscheidung. Das gilt für die Gesundheit. Und das gilt für das ganze Lebensglück, wie wir jetzt sehen werden.

Mindset, Blockaden, Autonomie, Prioritäten

Der Chefcontroller eines Automobilzulieferers hat unlängst ein ziemlich fieses Experiment gestartet. Auf der zweiten Seite der dreiseitigen Zahlenliste, die er Monat für Monat im Unternehmen verteilt, hatte er den Satz eingebaut: „Jedem, der das liest und mich heute, Dienstag, zwischen 15 Uhr und 15.30 Uhr anruft, zahle ich 100 Euro aus meinem Privatvermögen." Die Controllingliste ging an 25 Bereichs- und Abteilungsleiter. Wie viel Geld hat der Chefcontroller ausbezahlen müssen? Was schätzen Sie?
2.500 Euro? Träumen Sie weiter! 1.000 Euro? Schon eher. 200 Euro? Die richtige Antwort. Warum? Nicht, weil „kein Schwein die öden Controllinglisten liest", wie mancher meint. Sie werden gelesen – doch jeder, der sie liest, liest bloß das halbe Dutzend Zahlen, das ihn angeht. Mehr nicht. Man guckt auf seine sechs Zahlen und schaut nicht links und schaut nicht rechts. Selbst wenn links oder rechts das Geld auf der Straße liegt. Das nennt man Tunnelblick oder Closed Mindset, einen vernagelten Geist: der Normalzustand des menschlichen Geistes, meist erziehungs- oder stressbedingt. Nur zwei der Bereichs- und Abteilungsleiter

des Unternehmens hatten ein Open Mindset und sahen deshalb das Geld auf der Straße liegen.

Treffen Sie die Mindset-Entscheidung!
Entscheiden Sie sich dafür, von nun an eine offene, gelassene und weitwinkelige Geisteshaltung zu pflegen.

Auf gut Deutsch: Halten Sie die Augen offen! Schauen Sie stets über den Tellerrand. Seien Sie neugierig. Schauen Sie auch auf das, was Sie „eigentlich nichts angeht" oder wofür Sie „eigentlich keine Zeit" haben. Schauen kostet nicht viel Zeit – bringt aber viel! Wie viel? Die Wissenschaft hat eine Antwort darauf: 90 Prozent aller großen Erfindungen wurden nicht gezielt gemacht, sondern zufällig entdeckt, weil jemand die Augen offen hielt. Die Firma Wick zum Beispiel entwickelte vor Jahren gezielt ein richtig gut wirkendes Erkältungsmittel. Leider machte das Mittel ziemlich müde, und kein Mensch hätte es gekauft, weil man nach der Einnahme am Steuer oder am Schreibtisch recht schnell einschläft. Die Arznei landete also im Papierkorb – bis ein Entwickler mit einem Open Mindset sagte: „Oh, klasse! Das Mittel ist ja spitze, um sich quasi über Nacht selbst zu kurieren!" Denn da schläft jeder sowieso. Wick MediNait war geboren. Und brachte Millionenumsätze. Weil ein Entwickler sich einen offenen Geist bewahrt hat.

Das meinte Goethe, als er sagte: „Alle Dinge sind bereit, wenn der Geist es ist." Der Geist muss offen sein. Das Leben legt uns täglich die 100-Euro-Scheine vor die Nase. Doch wir sehen sie meist nicht. Weil unser Geist zu oft wegen Überfüllung geschlossen ist. Wenn wir eine offene, neugierige Geisteshaltung annehmen, dann beginnen wir auch wieder, diese Alltagspotenziale für Glück und Erfolg wahrzunehmen. Das ist ein Thema, das ein eigenes Buch verdient hätte. Einstweilen jedoch reicht es schon, wenn Sie diese offene, neugierige Geisteshaltung üben. Das fällt Ihnen schwer? Logisch, denn die Gründe für den verschlossenen Geist sind ja immer noch vorhanden: Wir sind blockiert. Von der Vergangenheit und von der Zukunft.

Lassen Sie Vergangenes vergangen sein!
Das ist eine Entscheidung, die Sie jede Stunde dutzendfach treffen müssen.

Denn jede Stunde beschäftigen wir uns mehr mit der unmittelbaren Vergangenheit als mit der allein entscheidenden Gegenwart: „Warum hat der Kollege mich eben so angeraunzt?", „Wer hat das denn wieder verbrochen?", „Ich habe schon wieder die Logistikkosten vergessen einzukalkulieren. Warum passiert mir das ständig?" Natürlich ist es menschlich, sich über gemachte Fehler oder erlebte Misslichkeiten aufzuregen. Aber wenn Sie es länger als eine Minute tun, schadet es Ihnen, weil es Ihr Gehirn im Rückwärtsgang festbetoniert. Daher: Vergeben und vergessen Sie vergangene Fehler, Versäumnisse und Ärgernisse! Immer!

Sagen Sie sich: „Das ist vergeben und vergessen – und jetzt denke ich vorwärts: Was lerne ich daraus? Wie kann ich es besser machen?" Damit öffnen Sie Ihren Geist wieder, der von den ewigen Selbstvorwürfen verschlossen wurde.

Das spiegelbildliche Problem hat unser Geist mit der Zukunft: Wir sehen Gespenster. „Oje, der Chef zerreißt mich morgen in der Präsentation!", „Was wird meine Frau dazu sagen, wenn ich schon wieder Überstunden mache?" Solche zukunftsgerichteten Sorgen sind normal. Nicht normal ist, wenn sie minuten-, stunden- oder tagelang unseren Geist blockieren. Da muss einfach jemand die Entscheidung treffen: „So, genug Sorgen gemacht. Jetzt frage ich mich: Was kann ich tun, damit diese Sorgen nicht eintreffen? Und dafür entscheide ich mich dann. Jetzt. Sofort."

Menschen, die das ausprobieren, erzählen uns meist begeistert: „Dass ich darauf nicht früher schon gekommen bin! Es tut mir so gut, nicht dauernd in der Vergangenheit zu wühlen oder mir Sorgen über die Zukunft zu machen!" Dieses Feedback liefert einen Hinweis auf die nächste Entscheidung, die Sie dringend treffen sollten:

Die Autonomie-Entscheidung

Entscheiden Sie sich dafür, stets auf Ihre eigenen Bedürfnisse zu achten.

Trivial? Genau. Deshalb macht es so gut wie keine(r). Achten Sie einmal darauf, wann Sie das nächste Mal Ihre Bedürfnisse ignorieren. Es zwickt Sie vom Lesen schon seit drei Seiten im Nacken? Sehen Sie. Sie ignorieren Ihr Bedürfnis nach muskulärer Entspannung. Die Arbeit stinkt Ihnen? Sie ignorieren Ihr Bedürfnis nach Job Enrichment oder einem Jobwechsel. Das heißt nicht, dass Sie Ihren Beruf aufgeben sollen. Das bedeutet lediglich, dass Sie Ihre eigenen Bedürfnisse nicht länger weitgehend ignorieren oder verdrängen sollen. Denn daher kommt der meiste Stress in unserem Leben.

Und wenn Sie sich das nächste Mal beim Bedürfnis nach ein bisschen mehr Zeit ertappen:

Priorisieren Sie!
Ihre Prioritäten neu zu sortieren ist eine Entscheidung, die Sie stündlich neu treffen sollten.

Denn ständig kommt irgendetwas dazwischen. Wir alle leben in Zeitnot und unter Zeitdruck – anstatt uns für eine aktualisierte Priorisierung zu entscheiden. Sehr schön illustrierten das die unterschiedlichen Reaktionen zweier Manager bei einem Gruppencoaching. Als ihr Vorgesetzter hereinkam und beide nach dem Coaching noch zu einer Sonderaufgabe verdonnerte, sagte der eine: „So ein Mist! Ich habe nachher doch schon genug zu tun! Da komme ich wieder erst um acht nach Hause!“

Wer Prioritäten hat, kennt keinen Zeitdruck.

Der andere sagte: „Dann muss ich eben die beiden Aufgaben am unteren Ende meiner Prioritätenliste verschieben oder delegieren." Er sagte das ganz ruhig – und war um sechs bei seiner Familie. Denn er hat Prioritäten.
Die beiden wichtigsten Entscheidungen im Leben eines Menschen haben wir uns für den Schluss aufgehoben.

Gute Gewohnheiten und eine konstruktive Einstellung

Julia joggt jeden Morgen vor der Arbeit 20 Minuten. Karl spielt jeden Freitag Freizeitfußball. Beides sind Gewohnheiten – welche ist die bessere?
Julias Gewohnheit. Nach jedem Jogging fühlt sie sich frisch und energiegeladen. Karl tun das ganze Wochenende die Knochen weh, wenn er vom Kicken kommt.

Entscheiden Sie sich für gute Gewohnheiten!
Der Mensch ist ein Gewohnheitstier, ob uns das passt oder nicht. Das heißt: Ihre Gewohnheiten entscheiden über Ihr Schicksal.

Jeder Raucher wird das unterschreiben. Ein großer Handwerksbetrieb in unserer Region zum Beispiel bearbeitet jede Reklamation prompt und kulant. Das ist jeder Handwerker im Betrieb so gewohnt. Sein Konkurrent hat eine andere Gewohnheit: Er bearbeitet jede Reklamation prompt und kulant – und hört bei den reklamierenden Kunden zwei Wochen später telefonisch nach, ob sie auch zufrieden sind mit der Reklamationsbehebung. Raten Sie mal, welcher von beiden Betrieben mehr Marktanteil hat und sogar in der Krise besseren Umsatz macht …

Am Anfang jeder guten Gewohnheit steht die Entscheidung: „Das machen wir jetzt so und nicht anders!"

Und das ist nur **eine** gute Gewohnheit, die dieser Betrieb pflegt. Eine von Dutzenden. Deshalb ist er besser, so viel besser: weil er sich für die besseren Gewohnheiten entschieden hat.

Tatsächlich steht hinter jeder guten Gewohnheit die täglich erneuerte Entscheidung: „Nein, wir lassen keinen Schlendrian einreißen und machen das immer noch so und nicht anders!" Zu so einer täglich erneuerten Entscheidung gehört eine Menge Mut und Standhaftigkeit. Was uns zur zehnten und letzten wichtigen Entscheidung bringt:

Entscheiden Sie sich für eine konstruktive Einstellung!
Und zwar vor allem dann, wenn Sie es am nötigsten haben.

Die letzte Wirtschaftskrise ist ein Musterbeispiel dafür, wie man es nicht machen soll: Was wurde da gejammert! Jammern ist Ausdruck einer destruktiven Einstellung, denn durch Jammern wird nichts besser und vieles schlimmer.

Der Geschäftsführer eines chemischen Betriebs, der die Krise sehr gut meisterte, sagt: „Selbst wenn neun von zehn Nachrichten schlecht sind, konzentriere ich mich auf die eine, die gut ist. Denn die schlechten können mir nicht helfen. Das kann nur die eine gute!“ So etwas macht kein Mensch von alleine.

Kein Mensch denkt in Krisen, im Stress oder in der Not etwas Positives – von sich aus. Uns allen bleibt zunächst die Luft weg, wenn das Schicksal uns in die Magengrube schlägt. Einige richten sich danach aber sehr schnell wieder auf, während andere tagelang nach Luft japsen und jammern. Warum? Wo liegt der Unterschied?

Der Unterschied liegt in der Entscheidung. Resiliente Menschen, also Menschen mit hoher Krisenfestigkeit und Stehaufmännchen-Qualität, entscheiden sich auch und gerade in Stress- und Krisenzeiten ganz bewusst für eine konstruktive Einstellung. Nicht zu verwechseln mit einer rosaroten Einstellung à la „Alles wird gut“ – das ist Quatsch! Eine konstruktive Einstellung ist eine Einstellung, die auf die eigenen Kräfte vertraut: „Ich überlege mir etwas. Mir fällt schon was ein. Und dann probiere ich es aus. Wenn es nicht gleich hinhaut, dann probiere ich eben so lange, bis es hinhaut.“ Das ist konstruktiv. Können Sie konstruktiv?

Die Frage ist ernst gemeint: Mit welcher Einstellung im Hinterkopf lesen Sie gerade? Etwa: „Jaja, klingt alles schön und gut, aber funktionieren tut es doch nicht.“ Was wäre die konstruktive Alternative dazu? Und was wäre eine noch konstruktivere Einstellung? Und jetzt denken Sie bitte an ein kleines Problem, das Sie heute noch haben. Was denken Sie darüber? Was wäre eine etwas konstruktivere Einstellung dazu? Und eine noch konstruktivere? Und dann entscheiden Sie sich für diese Einstellung. Sehen Sie, ist gar nicht so schwer!

Treffen Sie die richtigen Entscheidungen!
Wählen Sie die Entscheidungen, die Sie treffen, weise aus. Treffen Sie vor allem jene wichtigen Entscheidungen, die Sie bislang verdrängt und verschoben haben.

Die hohe Kunst des Entscheidens

Was ist das größte Übel unserer Zeit? Die Entscheidungsschwäche. Die letzte Weltwirtschaftskrise zum Beispiel wurde dadurch verursacht, dass Manager und Menschen nicht mehr fähig waren, eigene Entscheidungen zu treffen, sondern blind hinter der fehlgeleiteten Masse herliefen.

Herdentrieb ist kein geeigneter Ersatz für eigene Entscheidungsfähigkeit.

Die meisten Menschen lassen sich jeden Tag dutzendfach verführen, schwimmen mit dem Schwarm, heulen mit dem Rudel, laufen mit den Lemmingen. Selber entscheiden tut kaum noch wer. Dass Sie sich dafür interessieren, erhebt Sie bereits in den Stand der geistigen Elite der westlichen Welt. Was für eigenständige und gute Entscheidungen nötig ist, haben Sie auf den zurückliegenden Seiten erfahren. Wenn wir die Summe unseres Wissens in nur wenigen Merksätzen unterbringen sollten, wären es die folgenden vier, die wir Ihnen auf Ihrem Weg zur besseren Entscheidung mitgeben möchten:

Seien Sie entscheidungsfreudig!
Treffen Sie freudig, aber nicht impulsiv Ihre Entscheidungen!

Wenn Sie auf eine Sache treffen, die entschieden werden muss, drücken Sie sich nicht länger davor, zögern Sie sie nicht hinaus, sondern erinnern Sie sich an den alten Nike-Slogan: „Just do it!" Das ist Entscheidungsfreude. Freude ist ein gutes Stichwort:

Jede Entscheidung braucht eine konstruktive Einstellung!
Treffen Sie Entscheidungen generell aus einer konstruktiven Einstellung heraus. Schlechte Einstellungen machen schlechte Entscheidungen.

Natürlich ist es gerade unter Stress nicht leicht, eine konstruktive Einstellung zu bewahren – doch gerade da ist es am nötigsten. Also ringen Sie sich zu einer konstruktiven Einstellung durch. Wenn Sie diese errungen haben, wofür sollten Sie sich dann entscheiden? Auch darauf fällt die Antwort leicht:

Entscheiden Sie sich stets für das Handeln!
Das Schicksal belohnt den Handelnden, selten den Zögerlichen.

Das heißt nicht, dass Sie das Haus gleich kaufen sollen, das Ihnen so gut gefällt. Natürlich wäre das eine Handlung! Aber die bessere Handlung wäre, einen Bausachverständigen zur Begutachtung einzuladen, der Ihnen sagen kann, ob das schöne Haus tatsächlich so viel wert ist, wie der Verkäufer behauptet. Das ist weitaus besser, als sich nachts schlaflos zu wälzen und sich zu fragen, ob das Haus auch wirklich das richtige ist – denn Wälzen zählt nicht zu den entscheidungsförderlichen Handlungen. Und schließlich:

Entscheiden Sie sich fürs Dranbleiben!
Nicht die Genies haben den größten Erfolg, sondern die Hartnäckigen.

Der Erfinder der Glühbirne war kein Genie. Er lieferte über hundert Fehlversuche ab, bevor das Ding endlich zu leuchten begann. Er war nicht genial – er war hartnäckig. Aber das ist eigentlich ein schlechtes Wort, denn wir kennen zum Beispiel viele Verkäufer, die jedes Jahr Hunderte Kunden besuchen, also „hartnäckig" sind, und doch auf keinen grünen Zweig kommen. Wer hartnäckig immer denselben Strom durch denselben Hosengummi leitet, kriegt die Birne nie zum Leuchten. Denn Hosengummi leitet nicht. „Dranbleiben" beschreibt die entscheidende Fähigkeit besser.

Wer dranbleibt, also bei jedem Fehlversuch das Nötige dazulernt, wird unter Garantie mit Erfolg belohnt.

Wer hundertmal auf dieselben Kundenfragen keine befriedigende Antwort weiß, ist zwar bestimmt hartnäckig, aber bleibt eben nicht dran an seiner eigentlichen Aufgabe: am Kunden und an dessen Fragen. Doch um das zu tun, braucht es eine aktive Entscheidung: „Wir bleiben dran. Wir spulen nicht einfach nur jeden Tag dasselbe Programm ab. Wir bleiben dran an den Kundenfragen, bis wir die Antworten haben, die zum Auftrag führen!"

Tatsächlich ist die Entscheidung für das Dranbleiben die am wenigsten getroffene in unserer Zeit. Jeden Tag werden Millionen von Vorhaben einfach aufgegeben oder das Gleiche so weitergemacht, wie man es bereits seit Jahren betreibt. Das ist bequemer – erfolgreich ist es nicht. Dafür können wir jedem versprechen: Wer dranbleibt, wird ganz sicher auch belohnt. Wer dranbleibt, trifft ganz sicher die richtige Entscheidung.

Warum bleiben so wenige Menschen dran? Weil es bequemer ist. Es ist bequemer, gar keine oder die falsche Entscheidung zu treffen. Es ist bequemer, für Hunderte von Milliarden faule US-Hypothekenkredite zu kaufen und danach vom Staat gerettet zu werden. Es ist unbequemer, die richtige Entscheidung zu treffen. Deshalb können wir Ihr Engagement gar nicht genug loben, sich die Mühe zu machen, von nun an besser, sicherer und souveräner entscheiden zu wollen. Es ist ein außerordentliches Vorhaben. Und eines können wir Ihnen versprechen: Es wird sich für Sie lohnen.

Sie werden zu einer nie gekannten Entscheidungsstärke finden. Und diese Stärke ist es, die es für Sie lohnend macht: Sie werden dank dieser Stärke nicht nur bessere Entscheidungen treffen, sondern auch charakterlich, als Person und Mensch sich sehr viel stärker und souveräner fühlen. Sie werden fast körperlich spüren, wie Ihnen diese neu gefundene innere Stärke eine Sicherheit und Souveränität verleiht, die Sie zu einer ganz neuen Gelassenheit führen wird. Auf dem Weg zu dieser inneren Souveränität und Stärke wünschen wir Ihnen jeden Erfolg, den Sie sich wünschen.

Wenn Sie auf diesem Weg der inneren Entscheidungsstärke unsere Unterstützung wünschen, stehen wir Ihnen natürlich gerne zur Verfügung. So erreichen Sie uns:

Johanna Joppe und Christian Ganowski
E-Mail: mem@memconsult.de
Tel.: 08238 96090

Register